嘉兴新型职业农民培训系列教材

嘉兴美丽乡村建设理论与实践

鲍亚元　主编

中国农业大学出版社

·北京·

图书在版编目（CIP）数据

嘉兴美丽乡村建设理论与实践 / 鲍亚元主编. —北京： 中国农业大学出版社，2017.7

ISBN 978-7-5655-1793-8

Ⅰ.①嘉… Ⅱ.①鲍… Ⅲ.①乡村规划 – 研究 – 嘉兴 Ⅳ.① TU982.295.53

中国版本图书馆 CIP 数据核字（2017）第 062365 号

书　　名	嘉兴美丽乡村建设理论与实践			
作　　者	鲍亚元　主编			
策划编辑	梁爱荣		责任编辑	梁爱荣
封面设计	郑　川		责任校对	王晓凤
出版发行	中国农业大学出版社		邮政编码	100193
社　　址	北京市海淀区圆明园西路 2 号			
电　　话	发行部 010-62818525，8625		读者服务部	010-62732336
	编辑部 010-62732617，2618		出 版 部	010-62733440
网　　址	http://www.cau.edu.cn/caup		E-mail	cbsszs@cau.edu.cn
经　　销	新华书店			
印　　刷	涿州市星河印刷有限公司			
版　　次	2017 年 7 月第 1 版　2017 年 7 月第 1 次印刷			
规　　格	787×1092　16 开本　9.5 印张　230 千字			
定　　价	50.00 元			

图书如有质量问题本社发行部负责调换

编写人员
EDITERS

主　　编　鲍亚元（嘉兴职业技术学院）

参编人员　何文泉（嘉兴市农业经济局）

　　　　　钱长根（嘉兴职业技术学院）

　　　　　吴海洪（嘉兴职业技术学院）

　　　　　施雪良（嘉兴职业技术学院）

　　　　　周丽娟（嘉兴职业技术学院）

　　　　　蔡和珍（嘉兴美地规划设计有限公司）

　　　　　沈贤兵（嘉兴美地规划设计有限公司）

　　本书将理论探讨与具体规划案例、建设实例相结合，共分四个部分。第一部分是对美丽乡村景观概述，重点阐述了景观、乡村景观、美丽乡村概念与美丽乡村相关学科的认识；第二部分是对国内外乡村建设的案例调研与分析，重点介绍了韩国新村运动、日本新乡村运动和安吉美丽乡村建设的相关情况；第三部分是嘉兴美丽乡村建设实践，分析介绍了美丽乡村人居景观规划、传统自然村落景观等情况；第四部分是美丽乡村景观规划设计实践案例，用四个案例介绍了美丽乡村总体规划、美丽乡村村落景观规划设计与农业园区规划设计。此书是新型职业农民培训教材，也可供农村规划、社会主义新农村建设等相关管理、设计、建设部门参考。

新型职业农民培育是事关"三农"发展的重大战略性问题，也是事关农业现代化的方向性问题。作为传统农业大市和统筹城乡先行地的嘉兴，近年来一直把培育新型职业农民作为重点工作来抓，依托农民院校和农广校为主平台，采取适应成人学习和农业生产规律的"分段式、重实训、参与式"培育，大力推行农民田间学校、送教下乡模式，逐步推进从"办班"到"育人"的转变。自2014年市农民学院成立以来，以"整合资源、创新机制、提高效益、构建平台"为原则，以培养农村实用人才、新型职业农民以及农村创业创新人才为重点，开设包含粮食生产技术、农产品电子商务、花卉苗木、果树种植技术等培训班，形成了"专家授课、学员交流、基地学习、考核评价"的培训模式，培养了近两千名的中高级农村实用人才，为推进农业转型发展和社会主义新农村建设注入了新活力，提供了新动能。

"十三五"时期，是全面建成小康社会的决胜期，也是传统农业向现代农业转化的关键时期，大量先进农业科学技术、高效率农业设施装备、现代化经营管理理念越来越多被引入到农业生产的各个领域，迫切需要加快构建职业农民队伍，形成一支高素质农业生产经营者队伍。培育新型职业农民需要有效的教育培训制度，不断提高教育培训的专业化、精准化、标准化水平，而教材建设是一项非常重要的基础性工作。这次市农民学院组织专家编写本乡本土的新型职业农民培训教材，在选题、内容、形式等方面进行了不同程度的探索，形成了第一批系列精品教材，为构建特色鲜明、内容全面、务实管用的区域教材体系开了一个好头。概括起来有三方面特点：一是选题准，实现与现代农业发展要求和农民需求对接，有利于新型职业农民综合素质、生产水平和经营能力全面提升；二是内容实，围绕我市主导产业全过程梳理，贴近农民生产生活实际；三是形式新，实现与农民学习特点和习惯对接，图文并茂、通俗易懂。

农业是国民经济的基础，农业现代化是国家现代化的重要组成部分，在大众创业万众创新的时代潮流中，作为现代农业核心主体的新型职业农民必将大有可为。新形势意味着新任务，新阶段意味着新起点，各级各部门要坚持"政府主导、农民主体、需求导向、综合配套"的原则，把培育新型职业农民作为重要职责，放在突出位置，采取更加有力的措施推动各项工作落实到位。希冀农民学院以系列教材的编写为契机，进一步规范职业教

学，提升培养质量，更好地满足新型职业农民多层次、多形式、广覆盖、经常性、制度化的教育培训需求，把新型职业农民培育打造成民心工程、德政工程，使农民学院真正成为农民终身学习的平台、创业创新的摇篮，为农业现代化建设提供有力支撑。

2016.10

十六届五中全会明确具体地提出了社会主义新农村建设的 20 字方针，即"生产发展、生活宽裕、乡风文明、村容整洁、管理民主"，对新农村建设进行了全面部署。党的十八大报告中明确提出："要努力建设美丽中国，实现中华民族永续发展"，第一次提出了城乡统筹协调发展共建"美丽中国"的全新概念。随即出台的 2013 年中央一号文件，依据美丽中国的理念第一次提出了要建设"美丽乡村"的奋斗目标。作为经济比较发达的嘉兴市，市党委政府高度重视美丽乡村建设，并以美丽乡村建设为载体持续推进新农村建设。但在乡村建设的实践中还存在不少问题，比如规划引领作用尚未完全体现；广大农民的积极性、主动性和创造性未充分发挥；基础设施后续管理等长效管理机制不健全；基层工作力量薄弱等。为此，编者结合本次嘉兴农民学院组织编写新型职业农民培训系列教材的契机，不仅用较大篇幅介绍了嘉兴美丽乡村人居景观规划、传统自然村落景观设计等实践案例，同时对下一步加强美丽乡村建设提出了一些建议和意见，以飨广大读者。

一是美丽乡村建设必须更加注重乡村良好的自然生态品质。与城市相比，乡村的优势在于良好的自然生态。"美丽乡村"建设必须尊重这种自然之美，充分彰显"望得见山、看得见水、记得住乡愁"的乡村田园风光，体现人与自然和谐相处的美好画卷。因此，"美丽乡村"建设在逐步渗入现代文明元素的同时，要通过生态修复、改良和保护等措施，使乡村重现优美的自然景观。

二是美丽乡村建设必须更加突出地域特色，体现差异性和多元化。美丽乡村建设必须因地制宜，培育地域特色和个性之美。要善于挖掘整合当地的生态资源与人文资源，挖掘利用当地的历史古迹、传统习俗、风土人情，使乡村建设注入人文内涵，展现独特的魅力，既提升和展现乡村的文化品位，也让绵延的地方历史文脉得以有效传承。

三是美丽乡村建设必须更加注重建管并举。美丽乡村建设，一半靠建设，一半靠管理和维护。一方面要立足于改变村容村貌，通过规划引导和环境整治，实现道路硬化、路灯亮化、河塘净化、卫生洁化、环境美化、村庄绿化，使村容村貌更加优美。另一方面也要加强对环境的管理与维护，彻底解决农村的脏、乱、差问题，从根本上改善农村的生产、生活与生态环境。

四是美丽乡村建设必须更加充分发挥广大农民的主力军作用。要重视精神文明建设，培养农民正确的价值取向和行为习惯，不断提升农民的整体素质。良好的生态是美丽乡村的灵魂，要积极倡导低碳生活，转变农民落后的生产、消费方式。要注意调动广大农民的积极性、主动性和创造性，充分体现农民的主体地位，发挥农民在美丽乡村建设中的聪明才智。

本教材共分四个部分。第一部分美丽乡村景观概述由鲍亚元、何文泉负责编写，第二部分国内外乡村建设的案例调研与分析由鲍亚元、钱长根、周丽娟负责编写，第三部分嘉兴美丽乡村建设实践由鲍亚元、施雪良、周丽娟负责编写，第四部分美丽乡村景观规划设计实践案例由嘉兴美地规划设计有限公司无偿提供。学院领导高度关心教材的编写工作，章康龙副院长多次召集会议专题研究解决所遇到的问题，吴海洪副教授对本书倾注了心血，提出很多建议。本书在编写过程中还得到了业内人士同济大学建筑与城市规划学院王云才教授、南京林业大学风景园林学院张磊副教授等的大力支持与帮助，在此一并致谢！由于编写时间仓促，水平有限，书中难免有问题与不足之处，敬请读者批评与指正。

编　者

2016 年 9 月

C 目 录
CONTENTS

　　乡村是人类为适应最基本的生存条件，进行各种生产、生活活动而形成的人类聚居地的一种最基本的形态。世界范围内广阔的乡村空间孕育了丰富的文化景观类型，是历代劳动人民智慧的结晶。例如，云南的梯田景观和皖南的古村落景观，其共同特点是记录了人类活动的历史，表现了特定乡村区域的独特风貌，是乡村地域宝贵的文化遗产和景观财富。

　　美丽富饶的杭嘉湖平原历来被誉为鱼米之乡、丝绸之府，是全国重要的商品粮和丝绸基地，历史上称嘉兴的粮食生产为"嘉禾一穰，江淮为之康；嘉禾一歉，江淮为之俭"，嘉兴的田野河畔"夹岸桑林数十里，果然蚕事此邦多"，以嘉兴为代表的江南水乡美丽富饶、物产丰富。然而近年来随着工业化、城市化、现代化的迅速发展，不仅使城市地区传统文化景观遭到破坏，同时对乡村地域文化景观也形成巨大冲击，导致乡村景观趋同，传统地域特色消退，使乡村地域文化的传承和景观保护面临巨大挑战。

　　从我国历史上看，对乡村建设问题的直接关注起始于近代的中国资本主义开始萌芽时期。晚清政府（1908 年）颁布《城镇乡地方自治章程》和《城镇乡地方自治选举章程》，在农村开展了"乡村治理运动"。

　　民国时期，对农村建设与发展的探索进一步深化，在多个省区均发动了"乡村自治运动"，近代的探索主要侧重于农村政治建设方面。

　　对农村经济建设、政治建设等予以较为全面的关注，则起始于 20 世纪 50 年代即新中国成立初期。回顾新中国成立以来我国农村发展的历程，大概可分为三个阶段，一是以粮为纲发展阶段（新中国成立初期至 1978 年 12 月十一届三中全会以前）：50 年代中期我国就提出"农村现代化"的社会主义新农村建设目标，由于当时社会生产力水平低，农民的温饱还难以保障，建设新农村的任务主要是发展农业互助合作社和人民公社，解放和发展农业生产力，解决农民的温饱和社会粮食需求问题。60 年代中期"文化大革命"运动的开展使本身就发展缓慢的农业生产也难免遭到新中国成立以来最严重的挫折而更加停滞不前。二是市场化发展阶段（1978 年 12 月十一届三中全会至 2005 年 10 月十六届五中全会以前）：改革开放以后，政治上废社建乡（镇），实行村民委员会管理体制；经济上推行家庭联产承包责任制，体制上突破计划经济模式，发展社会主义市场经济，极大地调动了亿万农民的积极性，农村生产力获得了空前解放，农村各项事业都获得了飞速进步，农村的发展迎来了前所未有的机遇。十五届三中全会高度评价和肯定了农村改革 30 年来所取得的上述成就和丰富经验，并从经济上、政治上、文化上对"建设中国特色社会主义新农村"的任务提出了要求，新农村建设已经成为一个系统工程。三是社会主义新农村建设阶段（2005 年 10 月十六届五中全会至现在）：十六届五中全会更加明确具体地提出了社会主义新农村建设的 20 字方针，即"生产发展、生活宽裕、乡风文明、村容整洁、管理民主"，对新农村建设进行了全面部署。这个时期，我国的经济发展已经基本具备了工业可以反哺农业、城市可以带动农村发展的条件，一方面，国家全面免除了农业四税（农业税、屠宰税、牧业税、农业特产税）和农村"三提五统"（即公积金、公益金和管理费；教育费附加、计划生育费、民政优抚费、民兵训练费、民办交通费等），推行了新农合、农低保、免学费和增加了种粮直补等农村福利政策，推进了农村林权制度改革和农村基层政治改革等。另一方面，国家公共财政逐年加大向"三农"的倾斜，城乡差距逐步缩小，农村逐渐成了城里人羡慕和向往的地方。党的十七大进一步提出："要统筹城乡发展，推进社会主义新农村建设"，把农村建设纳入了国家建设的全局。充分体现了全国一盘棋的科学发展思想。党的十八大报告更是明确提出："要努力建设美丽中国，实现中华民族永续发展"，第一次提出了城乡统筹协调发展共建美丽中国的全新概念，随即出台的 2013 年中央一号文件，依据美丽中国的理念第一次提出了要建设美丽乡村的奋斗目标，新农村建设以美丽乡村建设的提法首次在国家层面明确提出。

第一章　美丽乡村景观概述

随着经济社会的发展，农村的基础设施、公共服务不断健全，面貌日新月异，但与城市相比，人居环境建设整体还显落后，不少地方脏、乱、差现象依然存在。围绕"规划科学布局美、村容整洁环境美、创业增收生活美、乡风文明身心美"建设美丽乡村，提升农村人居环境质量，也就成为进一步加快新农村建设的客观要求。但是，在工业化、城市化不断推进的宏观背景下，美丽乡村建设不能局限于乡村的自我完善，而是应当顺应城乡一体化发展的历史趋势。

城乡一体是人类社会发展的必然趋势，是社会现代化进程中不可逾越的历史过程。人类社会以渔猎社会为起点，逐步向农业社会、工业社会和信息社会发展。在农业社会，农业是国民经济的支柱，农民是社会发展的主导力量；在工业社会，工业是国民经济的支柱，产业工人是社会发展的主导力量。由农业社会走向工业社会，农业的地位不断下降，大量农民从土地上解放出来，成为新兴工人阶级的组成部分，农民的数量不断减少，影响力不断减弱，最后作为一个完整的阶级退出历史舞台。随着工业社会向信息社会发展，制造业不断转型升级，产业工人的数量持续减少，工业的主导地位将慢慢让位于服务业。目前，国内许多发达地区基本上进入了工业化中后期，信息化与工业化开始深度融合互动，真正的职业农民已经很少，更多农民从事的是非农产业。事实上，中国的小农经济正在走向历史的终点。城乡一体化也是解决"三农问题"的根本途径。长期以来，由于以户籍制度为核心，我国形成了鲜明的城乡二元结构。通过牺牲农业支援工业，牺牲农村支援城市，城乡之间不论是在居民收入，还是在基础设施、社会保障和公共服务方面，都形成了极大的差距。这种差距严重影响着经济效率的提升和社会活力的迸发，影响着社会的和谐与全面小康社会目标的实现。由于我国农村的分散性，在农村进行基础设施建设和公共产品投入，以及建设类似于城市的庞大服务系统，显然不具有现实性和合理性。另一方面，农村人口数量众多，土地资源短缺，报酬递减，不可能依靠农业的发展实现农民的增收致富。只有加快城市化，减少农民，把多数农民从土地上转移出去从事非农产业，才能提高收入水平，实现农业的规模经营，也才能从根本上解决"三农问题"。由此可见，不论是人类历史发展的趋势，还是从根本上解决我国的"三农问题"，都无法回避城乡一体化的问题，美丽乡村建设同样必须正视这一宏观背景。美丽乡村建设最早源于浙江湖州安吉。从 2008 年初开始，安吉县开展了"中国美丽乡村"建设行动，计划用十年左右时间，把全县 187 个行政村都建设成为"村村优美、家家创业、人人幸福、处处和谐"的现代化新农村样板，构建全国新农村建设的"安吉模式"。2010 年 6 月中共浙江省委、省政府决定推广安吉经验，提出实施美丽乡村建设行动计划，美丽乡村建设由此上升为全省性的战略决策。美丽乡村的"美丽"包含两层意思：一是指生态良好、环境优美、布局合理、设施完善；二是指产业发展、农民富裕、特色鲜明、社会和谐。具体包括四个层面的美：规划科学布局美、村容整洁环境美、创业增收生活美、乡风文明素质美。由此可见，美丽乡村之美既体现在自然层面，也体现在社会层面（图1-1）。

图1-1 乡村景观

第一节 景 观

景观一词最早在文献中出现是在希伯来文本的《圣经》（the Book Psalms）中，用于对圣城耶路撒冷的美景的描述。

景观（landscape）是指土地及土地上的空间和物体所构成的综合体。它是复杂的自然过程和人类活动在大地上的烙印。无论在西方还是在中国，景观都是一个美丽而难以说清的概念。地理学家把景观作为一个科学名词，定义为一种表景象，或综合自然地理区，或呈一种类型单位的通称，如城市景观、草原景观、森林景观等；艺术家把景观作为表现与再现的对象；风景园林师则把景观作为建筑物的配景或背景；生态学家把景观定义为生态系统或生态系统的系统；旅游学家把景观当做资源；而更常见的景观是被城市美化运动者和开发商等同于城市的街景立面、霓虹灯、房地产中的园林绿化和小品、喷泉叠水。而一

个更文学和广泛的定义则是"能用一个画面来展示，能在某一视点上可以全览的景象。尤其是自然景象。但哪怕是同一景象，对不同的人也会有很不同的理解，正如 meinig 所说同一景象的 10 个版本（ten versions of the same scene，1976）：景观是人所向往的自然，景观是人类的栖居地，景观是人造的工艺品，景观是需要科学分析方能被理解的物质系统，景观是有待解决的问题，景观是可以带来财富的资源，景观是反映社会伦理、道德和价值观念的意识形态，景观是历史，景观是美。作为景观设计的对象，景观是指土地及土地上的空间和物体所构成的综合体。它是复杂的自然过程和人类活动在大地上的烙印，可被理解和表现为：

风景：视觉审美过程的对象；

栖居地：人类和其他生物生活的空间和环境；

生态系统：一个具有结构和功能、具有内在和外在联系的有机系统；

符号：一种记载人类过去、表达希望与理想，赖以认同和寄托的语言和精神空间。

第二节 乡村景观

乡村景观是不同于城市景观和自然景观的一种独特的景观。是世界上出现得最早，而且在全球范围内分布最广泛的景观类型。是在整个乡村的地域范围内形成的镶嵌体。在形成的过程中不仅受到自然条件的制约，很大程度上也受到人类经营活动的影响。按照地理学和景观生态学定义为：乡村景观就是在乡村地域范围，由农田、果园、林地、农场、水域、村庄等不同的土地单元构成的嵌块体，主要体现农业特征。并且是依据自然景观基础，通过人为后天构建的综合体，因此嵌块体的形状、大小、配置、性质方面存在很大的差异，但是共同兼具经济、社会、生态、美学价值。乡村景观的构成既有农舍、农田、果园、自然风光，又有与之紧密相连的乡村人文景观。这种乡村人文景观主要是以农业活动为特征，是人与自然相结合共同构建的景观，在不同的乡村地域拥有不同的特点。

随着城市与乡村的分化，以人类的居住状况把地表的景观类型划分为 3 种：纯自然景观、乡村景观、城市景观。这 3 类景观虽有相似之处，也有不同一面。对于纯自然景观而言，乡村景观带有一定的人工雕琢。但对于城市景观，乡村的人工雕琢较低，更显自然。乡村景观是在城市景观和纯自然景观之间，它是有自己的生产生活方式的田园风光。

乡村景观的特征：

1. 生产性

乡村景观是与人们的生存、生活、生产紧密贴合的，人类为了满足生产生活的需要，对原有乡村地区的土地进行修改、完善和创造，这种创造景观的目的便是生产，所以生产性是乡村景观的基本特点。

2. 自发性

乡村景观并不是天然形成的，也不是某位大家的天才杰作。一沾染上人，便有先入为主的主观思想支配，再看似完美的景色也是带了人工设计的矫揉造作。但乡村景观是依靠农民"劳作"得来的，是深深眷恋土地的农民利用他们所能获得的知识和技能（或者是本

能），在最低能耗下为了满足生产、生活的需要，无意识地创造出自然与人相互依存、相互适应的和谐之美。即使某些局部地方景观是由农民主观意愿上创造的，但最后出现的整体景观却是一种集体无意识的，因此，传统乡村景观的形成具有自发性。

3. 地域性

乡村景观的形成具有自发性，是无意识的状态，所以乡村景观便体现出它本身的地貌条件等，发生在这块地貌上的，人与地貌的相互依赖的和谐而产生的文化、历史，都是带有这块地域本身的自然特点。这种自然是人们根据所处地域来进行的合理规划以适应自己的生存、生活而出现的。所以乡村景观的自然、人文要素都是有十分明显的地域性。

综上，乡村景观的最终呈现形态并不是一成不变的，它会随地域的自然地理特点、人文特点的差异而有巨大的不同。

第三节　美丽乡村概念的提出

2003 年 6 月，浙江省委、省政府召开全省"千村示范、万村整治"工作会议，提出用 5 年时间，从全省近 4 万个村庄中选择 1 万个行政村进行全面整治，把其中 1 000 个中心村建设成全面小康示范村。2006 年 4 月浙江省出台了《关于全面推荐社会主义新农村建设的决定》，提出把村庄建设成为让农民享受现代文明生活的农村新社区，把农民培育成为能适应分工分业发展要求的有文化、懂技术、会经营的新型农民，形成"城市和农村互补互促、共同繁荣的城乡一体化发展新格局"的总体目标。并描绘了浙江社会主义新农村建设宏伟蓝图。2007 年 3 月浙江省委、省政府又出台了《关于 2007 年社会主义新农村建设的若干意见》，提出要围绕全面建设小康社会和构建社会主义和谐社会的总体目标，深入统筹城乡发展方略，全面建设农村新社区。

浙江省政府工作报告指出，推进美丽乡村发展，是全省新农村建设的重要手段之一，是"千村示范、万村整治"工程的提升。通过村庄环境的综合整治、农村产业的持续发展、精神文明的全面提升，逐步形成环境优美、产业特色鲜明、设施健全、文化丰富、农民幸福的现代美丽乡村。2010 年 6 月中共浙江省委、省政府决定推广安吉经验，提出实施美丽乡村建设行动计划，美丽乡村建设由此上升为全省性的战略决策（图 1-2）。

图 1-2　平原乡村

第四节 美丽乡村的定义

什么是美丽？美丽的内涵是复杂多变的，具有边界不分明性，可谓仁者见仁，智者见智。不同的人、不同的欣赏角度、不同的体验方式，对同一美丽的事物就具有不同感受，结果引起人们不同程度的愉悦。实际上，美丽是人的心理对客观事物或对人的精神所做出的反映，因此，美丽是相对的又是具体的。根据浙江省美丽乡村的建设目标，美丽乡村之美丽既体现在自然层面，也体现在社会层面，具体包括：规划科学布局美、村容整洁环境美、创业增收生活美、乡风文明素质美。其基本内涵包括了以下三个层面（图1-3）。

一、生活层面（社会方面）

包括物质形态和精神文化。即通过乡村景观规划设计营造良好的乡村人居环境，完善乡村聚落的公共服务设施，改善乡村整体景观面貌，丰富乡村居民的生活内容，展现乡村的风土人情、民俗文化、宗教信仰等，从而提高村民的生活品质。

二、生产层面（经济方面）

是指产业发展、农民富裕、特色鲜明、社会和谐。即通过乡村景观规划设计，在保护乡村景观完整性和地方性基础上，合理疏导乡村自然结合生态工业、观光旅游业，实现第一产业与二、三产业的联动发展，完善乡村产业布局，切实提高乡村居民的收入。

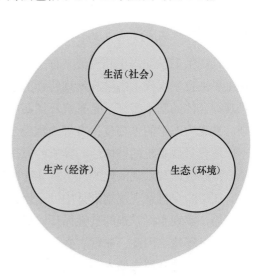

图1-3 美丽乡村之内涵

（引自：陈青红.浙江省美丽乡村景观规划设计初探.浙江农林大学，2013）

三、生态层面（环境方面）

是指村容整洁、绿化美化、环境优美。即通过乡村景观规划设计，有效治理乡村污水、乡村工业污染、农业面源污染以及乡村垃圾，提高乡村绿化美化水平，建立乡村卫生长效保洁机制，改善乡村居住环境。景观规划设计遵循自然发展规律，切实保护乡村生态环境，展示乡村生态特色，统筹推进乡村生态经济、生态人居、生态环境和生态文化建设。

第五节 美丽乡村相关学科的认识

一、风景园林学

风景园林学（又称景观学）是关于土地和户外空间设计的科学和艺术，是一门建立在广泛的自然科学和人文艺术学科基础上的应用学科。它通过科学理性的分析、规划布局、设计改造、管理、保护和恢复的方法得以实践，其核心是协调人与自然的关系。它涉及气候、地理、水文等自然要素，同时也包含了人工构筑物、历史文化、传统风俗习惯、地方色彩等人文元素，是一个地域综合情况的反映。因此，风景园林学是一个涉及多学科的、多知识的相对复杂的应用科学。

在美丽乡村景观规划设计中可以运用风景园林学相关原理对乡村物质空间进行布局与设计，营造乡村景观良好的视觉效果，合理利用当地地形，发挥地域优势，营造出能够体现乡村特色和标志性的村貌景观。保护乡村生态环境，合理布置绿地、休闲空间、文化及健身设施，创造优美的乡村公共活动空间，美化各家院落，营造处处相宜、家家美景的良好环境。

二、景观生态学

景观生态学的产生和发展来自于人们对大尺度生态环境问题的日益重视，其理论和方法主要来自于现代生态学和地理科学的发展及其他相关学科领域的知识积累。景观生态是景观综合体的基本特征，是景观环境高质量存在的基本保障，也是景观规划设计的基本原则。景观生态学的主要理论有等级理论、空间种群理论、渗流理论和源—汇系统理论；基本原理有景观系统的整体性与异质性原理、格局过程关系原理、尺度分析原理、景观结构镶嵌性原理以及景观演化的人类主导性原理。

在美丽乡村景观规划设计中，运用景观生态学原理，解决如何合理地进行乡村生态功能布局，实现乡村景观的良性循环，提升乡村景观环境质量，为人们创造高效、健康、优美的乡村环境。因此，非常有必要加强对乡村景观的生态系统研究，建立一种能适应乡村地方特色、能合理协调人与自然和谐关系的健康模式，从而营造出具有良好生态效益的人居环境。

三、景观美学

景观美学的研究是一个"感性—理性—实践"的过程，即运用景观美学原理规划设计乡村景观正是从感性认识上升到理性认识，再将理性思维付诸实施的过程。景观美学是美学的一门分支学科，它除了具体运用美学的基本原理外，还包括地理学、生物学、建筑学、生态学、民俗学、心理学等相关学科，是一门综合性应用学科。

在美丽乡村景观规划设计中，通过景观设计更好地体现乡村景观美学功能，除了要遵循美学基本原则，如统一、均衡、韵律、比例、尺度等方面外，还要最大限度地维护、加强或重塑乡村景观的形式美。相对于城市景观，乡村景观具有淳朴、生态、自然的特性，小桥、流水、青山、农居、田野无处不体现着浪漫、纯净之美，小巷、古井、石板路、竹篱笆等这些人工景观充满生气与活力。这种自然与人工相结合所形成的景观蕴含着别样的美，所以，将景观美学运用于乡村景观的规划设计中是十分有必要的。

四、人类聚居环境学

人类聚居主要是指包括乡村、集镇、城市等在内的人类生活环境。人类聚居学认为人类聚居由五个基本要素组成：自然界、人、社会、建筑物、联系网络。人类聚居学研究上述五项要素以及它们之间的相互关系。一方面要建立一套科学的体系和方法，了解和掌握人类聚居的发展规律；另一方面要解决人类聚居中存在的具体问题，创造出良好的人类生活环境。

人类聚居学的研究内容主要有三个方面：

（1）对人类聚居进行描述性的剖析：分析聚居的基本特点，聚居之间的相互关系，聚居的演化过程，聚居中各种问题产生的原因。

（2）对人类聚居基本规律的研究：研究人类在生活居住方面的需要，聚居的成因，聚居的结构、形式和密度，以及对未来城市的影响和预测。

（3）研究制定人类聚居建设的计划、方针、政策和工作步骤。

五、乡村旅游学

乡村旅游以具有乡村性的自然和人文客体为旅游吸引物，依托农村区域的优美景观、自然环境、建筑和文化等资源，在传统农村休闲游和农业体验游的基础上，拓展开发会务度假、休闲娱乐等项目的新兴旅游方式。西班牙学者 Rosa Mar & yacute；Yagüe Perales（2001）将乡村旅游分为传统乡村旅游（Homecoming or Traditional Rural Tourism）和现代乡村旅游（Modern Rural Tourism）两种。

传统的乡村旅游，主要源于一些来自农村的城市居民以"回老家"度假的形式出现，主要在假日进行，传统的乡村旅游在世界发达国家和发展中国家都广泛存在，在中国常常把这种传统的乡村旅游归类于探亲旅游。现代乡村旅游是在 20 世纪 80 年代出现在农村区域的一种新型的旅游模式，尤其是在 20 世纪 90 年代以后发展迅速，旅游者的旅游动机明显区别于回老家的传统旅游者。

现代乡村旅游的特征主要表现为：旅游的时间不仅仅局限于假期；现代乡村旅游者充分利用农村区域的优美景观、自然环境和建筑、文化等资源；现代乡村旅游对农村经济的贡献不仅仅表现在给当地增加了财政收入，还表现在给当地创造了就业机会，同时还给当地衰弱的传统经济注入了新的活力。

第二章 国内外乡村建设的案例调研与分析

第一节 韩国新村运动

韩国新村运动是 20 世纪 70 年代，时任韩国总统的朴正熙，有鉴于在工业化快速发展之下，现代化的城市生活与农村生活之间的矛盾迅速加剧而开展的一场旨在改变城乡差距不断拉大的趋势和促使落后的传统农村发展为先进的现代化农村的运动。新村运动发起的原因是要缩小城乡差距，改造农村，造福农民，实现城乡一体化，开展改善农民生产生活条件的村庄建设项目和提升农民文明素质的思想教育为载体的农村现代化建设运动。从它的最终成果看，它创造出了"汉江奇迹"，基本实现了社会整合的目标。韩国新村运动与浙江省"千村示范，万村整治"工程，以及正在实施"美丽乡村建设行动计划"有许多相通的思路。韩国新村运动内容涉及广泛，涵盖道路系统修缮、水环境整治、建筑改造、居住条件改善等各方面，这一运动大体经历了四个发展阶段：

第一阶段：1971—1973 年的基础建设阶段。这一阶段的目标是改善农民的居住条件，如改善厨房、屋顶、厕所，修筑围墙、公路、公用洗衣场，改良作物、蔬果、畜禽品种等。新村运动经过基础建设阶段，初步改变了农村的生活居住条件。

第二阶段：1974—1976 年的扩散阶段。这一阶段新村运动迅速向城镇扩大，成为全国性的现代化建设活动。新村建设的重点从基础阶段的改善农民居住生活条件发展为居住环境和生活质量的改善和提高，修建了村民会馆和自来水设施，以及人员培训等。这一阶段的主要目标是提高农民收入。

第三阶段：1977—1980 年的充实和提高阶段。工作重点放在鼓励发展畜牧业、农产品加工业和特产农业，积极推动农村保险业的发展。经过调整以后，新村运动从政府主导的"下乡式运动"转变为民间自发、更加注重活动内涵、发展规律和社会实效的群众活动。

第四阶段：1981—1988 年的国民自发运动阶段。这一阶段建立和完善了全国性新村运动的民间组织，培训、信息和宣传工作改由民间组织来承担。政府继续提高农民收入。

韩国新村运动的项目按主次顺序排列如下：

（1）修建宽阔笔直的进村公路；

（2）修建跨河小桥；

（3）修建宽阔笔直的村内道路；

（4）村庄排污系统的改善；

（5）瓦房取代茅草屋顶；

（6）修葺农家的旧围墙；

（7）改善传统的饮用水井；

（8）村庄会堂的建造；

（9）河流堤岸的整修；

（10）田地支路的开辟；

（11）农村电气化的加速；

（12）安装村庄电话；

（13）建造村庄浴室；

（14）建造儿童活动场所；

（15）改善河边洗衣场所；

（16）植树、种花等环境美化。

图 2-1 为韩国乡村。

图 2-1　韩国乡村

第二节　日本新乡村运动

日本第一次新农村运动于1956年开始实施。1955年12月，时任内阁农林大臣的河野一郎提出了"新农村建设构想"，并得到国会众参两院议员的普遍赞同。

第一次新村建设于1956年开始至1962年结束，7年时间，新农村建设的政策目标顺利完成。日本农村的农田基本建设、水利、农村通电、发展畜牧业、公共设施、农村广播等领域公共设施得以建立。小规模零散的土地普遍得到整治，大批农村公共设施建立起来，促进了农民的进一步联合。在推进新农村建设的7年中，农业总产值由1955年的16 617亿日元增至1962年的24 381亿日元，增幅高达46.7%，平均每个农户的年纯收入也增长了47%。

第一次新村建设主要做了三项工作：

（1）确定推行区域　根据河野农林大臣建立农民经营共同体的主张，推进新农村建设的区域确定在900～1 000户规模的村庄，并以此推动农户的经营联合。自1956—1960年，政府共指定4 548个市町村为实施区域。

（2）建立新村建设推进体制　被指定为推进新村建设的市町村分别成立农村振兴协议会，通过发扬民主的方式，集中农民的智慧，与当地政府部门及团体充分协商，制定农村振兴规划并付诸实施。

（3）加大对新村建设的资金扶持力度　新农村建设所需资金，除当地农民资金及政府农业金融机构贷款外，国家还采取特殊补贴方式，提高中央、都道府县及各市町村等三级政府的补贴水平。据统计，平均每个实施新农村建设的市町村费用高达 1 000 万日元，其中 40% 由中央政府补贴。

第二次新乡村运动于 1960 年 11 月，池田内阁颁发了国民经济倍增计划，提出未来 10 年间国民经济总体规模要翻番，国民收入及生活水平要赶上西欧发达国家的目标，吹响了全面推进现代化和经济高速发展的进军号。1967 年 3 月，日本政府开始了第二次新村建设。其宗旨是在第一次新村建设的基础上，继续加大农业生产和农民生活的基础建设力度，全面缩小城乡差距，提高农业和农村的现代化水平，其主攻方向首先放在提高农业经营现代化水平上。

（1）在改善生活环境方面，提出了"把农村建成具有魅力的舒畅生活空间"的目标，大力推进保护农村自然环境，实施改建和新建农民住宅，提高自来水及下水道普及水平，为农民建立集会活动场所，充实学校、医疗单位，建立农村保障制度并加大扶持强度。

（2）为解决农民就业问题，日本政府于 1971 年制定了《农村地区引入工业促进法》，鼓励城市工业向农村转移，为农民提供非农就业机会。

在政策与资金的大力支持下，第二次新村建设达到了预期目的，取得了明显效果。大大加快了日本农业与农村现代化进程。日本新村建设为美丽乡村建设的启示主要有：日本在推进新农村建设过程中，尤其注意如何将农村特有的优美自然环境、农村传统文化与现代化有机地结合起来。遵循既保留特色，又具现代风格的原则，着力追求人与自然的和谐，突出了区域特色和乡村特点，避免了"千村一律"。在日本纯农村地区，既看不到成行成排的"别墅式"建筑，也看不到宽大马路和广场。但农村生产生活及集体活动场所相关设施一应俱全，农民逐步富裕化，生活实现了现代化，生产实现了机械化，村落环境呈现优美化，城乡交流日常化。

第三节 日本"一村一品"运动

日本"一村一品"运动开始于 1979 年，"一村一品"运动的实质是充分发挥各地资源优势，因地制宜发展特色块状经济，千方百计培养人才、培育名牌产品，从而振兴地方经济，增加农 民收入。提出将一个村子，或一个地区值得骄傲的东西，如已有的土特产品、旅游资源，哪怕是一首民谣都行，开发成在全国以至全世界都能叫得响的产品。

日本"一村一品"运动的理念和精神，主要有以下几点：

一、基地建设

根据当地区位优势和特色，因地制宜地建设农产品生产基地。如大分县相继建立了以九重町、之光村等为代表的丰后牛产业基地；以大田村、野津原町等为代表的香菇产业基地；以佐伯市等为代表的草莓产业基地；以姬岛村、鹤见町、蒲江町等为代表的水产品生产基地等等。 放眼全球的意识。振兴当地农产品是"一村一品"运动的主要目标，为此，各地立足本地、着眼全球不断创造具有地区文化的可以走向全国乃至世界的产品。善于把本地区特色拳头产品，经过加工、提炼和营销，提升为具有国际性的东西。如大分县产的干香菇从质量到产量都是全日本第一，2001 年的产量为 1 425 t，占全国市场份额的 29%。

二、质量品牌的意识

"一村一品"的"品"既有品种的意思，更有品质、品牌的意思，求质量、上品牌，是"一村一品"运动追求的目标之一。在这种理念的指导下，大分县的许多农产品及其加工品都注册了商标，而且取得了非常明显的成效。如大山町梅子蜜等达 20 多个品种的加工品以及久住町的番茄酱、玖珠町的吉四六酱菜等，上述产品，经过技术上的精益求精和不断的创新，其质量大大提高而成为全国著名的品牌。

三、注重人才培养，人才第一的观念

"一村一品"的"品"，不单纯是物品的"品"，也是人品、品格的"品"。通过造物造就人，进而振兴地方经济，是"一村一品"运动的根本目的。大分县的实践证明，创造特色产品更需要人，更需要人的智慧和干劲，更需要有出色的带头人。因而他们始终把培养人才放在首位，采取各种措施，激发民众的创造精神，培养民众独立自主、不屈不挠的品质。锐意创新的精神。调动民众的积极性和创造性，是"一村一品"运动的精髓。"一村一品"运动要持续有效，就必须不断地创新，不断地运用新技术创新产品。图 2-2 为日本乡村。

图 2-2 日本乡村

第四节　安吉美丽乡村建设

安吉作为"中国竹乡"、"全国第一个生态县"和"全国生态农业示范县"，经过安吉人民的多年辛勤劳动和大力建设，已经初步形成了一个生产发展、生活富裕、环境优美的生态名县。其生态优势、资源优势、区位优势、政策优势、后发优势非常明显。基于这样的县情，根据浙江省委、省政府领导的要求，安吉县县委、县政府适时发出了将安吉打造成为"中国美丽乡村"的号召。"中国美丽乡村"行动，是指安吉县把全县 187 个行政村（社区）都建设成为村村优美、家家创业、处处和谐、人人幸福，综合水平领先全国的社会主义新农村行动。"中国美丽乡村"并不是笼统的村庄整治和单纯的环境改善，其核心

是产业的可持续发展、人居环境的功能化提升，是农村各项事业的整体进步。安吉特色新农村建设优良的生态环境和发达的生态产业是安吉的最大特色，因生态而孕育美丽，因美丽而产生魅力，因魅力而带来活力，因活力而促进发展。

"中国美丽乡村"其美丽的概念，包括山美、水美、环境美，吃美、住美、生活美，穿美、话美、心灵美。最终目标是要打造安吉环境美、生活美、心灵美的中国美丽新农村。用10年左右时间，把安吉县打造成为中国最美丽的乡村，使之成为继"中国竹乡"、首个"全国生态县"之后的第三张国家级名片。同时"中国美丽乡村"行动是安吉县新农村建设的提升工程，是安吉县"一地四区"建设战略的深化，是对新农村建设整体化实施、品牌化经营的探索，是将安吉县新农村建设水平提升到全国领先的主抓手。按照这一计划，安吉县将建设"村村优美、家家创业、处处和谐、人人幸福"的新农村，打造全国生态环境最优美、村容村貌最整洁、产业特色最鲜明、社区服务最健全、乡土文化最繁荣、农民生活最幸福的地区之一，实施"环境提升"、"产业提升"、"素质提升"、"服务提升"四大工程。图2-3为美丽乡村——安吉。

图2-3 美丽乡村——安吉

第三章 嘉兴美丽乡村建设实践

第一节 嘉兴乡村发展概况

一、地理位置

嘉兴市位于浙江省东北部、长江三角洲杭嘉湖平原腹心地带，是长江三角洲重要城市之一。东临大海，南倚钱塘江，北负太湖，西接天目之水，大运河纵贯境内。市城处于江、海、湖、河交汇之位，扼太湖南走廊之咽喉，与沪、杭、苏、湖等城市相距均不到 100 km，区位优势明显，尤以在人间天堂苏杭之间著称。东临上海，西南连杭州，西与湖州接壤，北接苏州，南濒杭州湾，与绍兴、宁波隔杭州湾相望，海岸线长 121 km（图 3-1）。

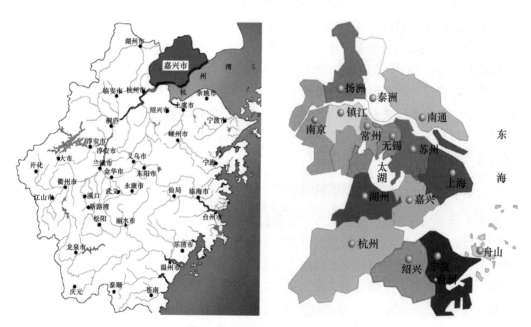

图 3-1 嘉兴市地理区位图

二、自然环境

市境陆域东西长 92 km，南北宽 76 km，陆地面积 3 915 km²，其中平原 3 477 km²，水面 328 km²，丘陵地 40 km²，市境海域 4 650 km²。市境地势低平，平均海拔 3.7 m（吴淞高程），其中秀洲区和嘉善北部最为低洼，其地面高程一般为在 3.2～3.6 m，部分低地 2.8～3.0 m。全市有山丘 200 余个，零散分布在钱塘江杭州湾北岸一线，海拔大多在 200 m 以下，市境最高点是位于海盐与海宁交界处的高阳山。市境为太湖边的浅碟形洼地，地势大致呈东南向西北倾斜，由于数千年来人类的垦殖开发，平原被纵横交错的塘浦河渠所分割，田、地、水交错分布，形成"六田一水三分地"，旱地栽桑、水田种粮、湖荡养鱼的立体地形结构，人工地貌明显，水乡特色浓郁。

三、人口与社会

根据《浙江省 2010 年第六次全国人口普查主要数据公报》显示，2010 年末嘉兴市常住人口 450.17 万人。同第五次全国人口普查 2000 年 11 月 1 日零时的 358.30 万人相比，10 年共增加 91.87 万人，增长 25.64%，年平均增长率为 2.31%。全市常住人口中，居住在城镇的人口为 240.07 万人，占 53.33%；居住在乡村的人口为 210.10 万人，占 46.67%。与 2000 年第五次全国人口普查相比，城镇人口增加了 103.96 万人，乡村人口减少了 12.10 万人，城镇人口比重上升了 15.36 个百分点。

第二节　美丽乡村建设中存在的问题

改革开放 30 多年来，嘉兴地区经济社会各方面有了突飞猛进的发展。城乡居民生活水平显著提高，尤其是近两年来，"浙江省美丽乡村建设行动计划"进程中成绩斐然。然而，伴随着乡村城市化进程的不断发展，在乡村景观建设具体实施和设计理论研究过程中，仍然存在着一些突出的问题有待解决。例如一部分的美丽乡村景观设计不够接地气，效仿城市景观建设，不注重对乡村传统文化的保护与传承，把城市的发展模式照搬到乡村景观建设中，很多农村失去了自然亲切、质朴的乡村韵味，再加上景观设计的雷同，导致不少村庄出现一样的社区、近似的绿化、雷同的设施。因此，从整体上研究嘉兴地区乡村景观规划，引导并促进其健康持续发展。

一、认识偏差——盲目地效仿城市景观

随着生活水平的提高，城乡一体化进程的推进，乡村居民对其生活环境、居住条件有着不断求新的心理，但往往缺少自然景观保护、传统文化传承及生态环境意识等方面的正确理论指导，并且受到当前社会价值观、城市居住标准、建筑风格等影响，误导乡村景观的发展。此外，在经济全球化和文化大融合的背景下，面对席卷而来的流行文化，一些村民怀疑自己的历史传统，认不清自身文化内涵。重流行文化，轻传统特色；重表面文章，轻实际效果；重眼前功效，轻长远目标。调查中发现，大多数的乡村居民都向往城市的居住环境，单纯地认为城乡统筹就是把乡村发展成城市，一样的高楼大厦、大面积的铺砖、广阔的草坪，把城市的一切看成现代文明的标志，从而忽视了乡村景观原有的价值，形成的乡村景观似曾相识，不可避免地走向同质化（图 3-2）。

图 3-2　城乡一体化社区

二、理论贫乏——缺少有效的规划设计指导

当前乡村规划设计还处于发展阶段，尤其美丽乡村景观设计尚未形成系统性较强的理论研究基础，在很大程度上仍受城市景观影响，过分追求形态、框架等显性形象。加上缺乏对自然景观元素和人文资源的深入挖掘，所谓的乡村景观不过是生硬地贴上了历史符号，甚至是传统元素的直接复制，导致乡村景观的混杂、凌乱无序。此外，自"浙江省美丽乡村建设行动计划"颁布以来，大批量的乡村都处于建设进行中，设计任务面临着村庄差异性小、建设周期短、设计经费少等现实困难，设计人员缺少对乡村文化和现代农民生活习俗的研究，盲目套用理想化的城市景观设计模式。这样的设计偏离了乡村景观的发展规律，既不能满足村民生活的实际需求，也未能达到良好的景观效果，乡村景观设计只好相互模仿，走向同质化（图 3-3）。

图 3-3　城市化的乡村景观

三、管理不足——急功近利、缺乏监督管理

部分相关监督管理部门在美丽乡村景观建设过程中指导不足，对出现的一些问题缺乏监督和管理，或是出于竞争的压力，大部分的乡村都急于响应美丽乡村建设活动，乡村景观建设成了盲目攀比，只注重眼前效果，忽视了长远利益，从而导致乡村景观同质化现象的滋生（图 3-4）。

图 3-4　乡村荒废的农民公园

第三节　美丽乡村规划设计

一、美丽乡村人居景观规划

针对嘉兴地区美丽乡村景观宜居性的需求，着眼于乡村景观设计，分别从自然村落点景观、乡村道路景观和乡村水系景观三个方面展开研究相关的规划设计内容与方法。其中自然村落点景观规划设计主要从乡村建筑景观、乡村庭院景观和乡村公共活动空间三个方面进行阐述；乡村道路景观规划设计是从道路系统规划和道路景观设计两个层面加以表达；而乡村水系景观按照不同的形态和功能分别从水塘、河道和沟渠三个方面进行论述。

二、传统自然村落景观规划

村落，是一个包含了社会、生态、文化和村落形态等诸多因素的综合体，是一个复杂的系统。介于此处是在乡村景观宜游性的表达，将其定义为狭义上的村落景观，即乡村范围内具有较高欣赏价值，能够吸引旅游者，使之获得美的享受的景观资源，如古建筑、古树名木、街道、小品及民俗文化等，这些元素相互组合成不同的景观层次。

村落景观，是以农业经济活动为主要形式的聚落，是指乡村地区人类各种形式的居住场所及其周边环境。从景观类型的角度出发，村落景观主要包括农居建筑、生产建筑、乡村庭院、公共绿地、文化活动场所及相关附属设施。嘉兴地处中国亚热带中部，是典型的江南地区，具有得天独厚的乡村景观，其居民点布局形式主要有依河而居。随着浙江省乡村经济的快速发展以及美丽乡村建设进程推进的同时，嘉兴地区近年来着力推进美丽乡村建设，乡村村落景观得到不同程度的提升。

嘉兴地属浙北杭嘉湖平原，地势平坦，境内河湖交错，水网纵横，是典型的江南水乡，自古以来"野稻自生"，具有鲜明的"务农重谷"的特点，农业特色极为突出。农村村落景观具有显著特征。

（一）农村村落景观具有显著特征

1. 亲水性

水是嘉兴环境系统中最关键的要素，"择水而居、逐水而行"历来是江南人的生存准则（图 3-5）。乡村"小桥、流水、人家"的水乡格局，农民居住点沿着密集的水道两侧布置，依水就势，水延伸到哪里，居住点就落脚在哪里。"家家贴水而居，户户泛舟往来"，许多小村庄的建筑随地形和功能需要灵活布局，并不生搬硬套固定的模式。穿村而过的狭窄河道、雕刻精致的石桥、枕河而筑的民居、屋旁自家的河埠头，以及河里弯弯的小船，这些要素集合在一起，便形成了一个个沿河生息的自然村落。

图 3-5 "择水而居、逐水而行"

2. 匀质性

平坦的地势和密集的水网使得凤桥镇的空间呈现出十分均衡的匀质性特征。空间环境的匀质化使得农村村庄和传统农业生产的分布也呈现出明显的匀质性，村庄布局几乎不受除水以外的自然条件的制约。自然村沿河、沿水均匀分布，散布的村庄之间大多通过机耕便道相互联通。这些农村住房往往邻近各自耕种的土地，没有大疏大密的分布差别，就像是赖特描述的"广亩城市"一样。

图 3-6 为传统乡村与农作物。

图 3-6 传统乡村与农作物

3. 分散性

嘉兴域内自然村庄星罗棋布，密密麻麻，呈现出"小、散、多"的分布特点（图 3-7）。村庄多以河为单位，布局较为零散，村落之间的距离一般为 300～400 m。村庄规模较小，每个自然村大都由几十户人家组成。

图 3-7　村庄分布

（二）凤桥镇村庄布点规划实例

例如凤桥镇村庄布点规划中主要的乡村文化保护措施有：在整个镇域范围内明确需要保护水乡文化载体及历史遗存（如水网、石桥、村名、地名、文化遗址等），并围绕村落传统布局模式的保留和水乡特色的发掘，推进村庄的新建、改建、拆建工作，保持部分原生态聚落以延续地区传统并对有重要历史价值的村庄制定特殊的建设政策等。

首先，保护重要的水乡文化载体及历史遗存。水是凤桥的文化灵魂，密集交错、河湖纵横的水网是孕育凤桥水乡文化的源泉。因此，通过减少农业污染、疏通淤积河道、种植防护林木等途径保护河湖水系是传承凤桥乡村文化的重要措施。此外，通过考察文献及调查走访，笔者发现凤桥镇有着丰富的历史人文资源，镇域内分布着多处古建筑、文化遗址、古桥、古树、古井等名胜古迹，居民中还流传有陶瓷、酿酒、竹刻等众多特色手工艺，这些都是需要在规划中明确保护的重要乡村文化载体（表 3-1）（图 3-8 至图 3-11）。而对于那些有着悠久历史和深刻内涵的村名、地名，如赵庵汇、荷花浜、梅花桥等，也是乡村文化保护的内容之一，不能因为村庄的整治迁并而轻易放弃，对于一些难以继续存在的村名、地名可以立碑标识。

表 3-1　需要保护的文化载体

类　别	名　称
古建筑	太平寺（楠木大殿）、冯氏故居、翰林院遗存、兴善寺民居寺院
文化遗址	刘家墩遗址、支家桥遗址、白坟墩遗址、梅园遗址
古　桥	大中桥、南星桥、三步两爿桥（聚秀长峰桥）、石佛寺香花桥、兴善寺香花桥、车花桥、西丁桥、梁泾桥、五花小洋桥、太平桥、北郭桥、支家桥、仁美桥、北塘泾桥、石皮桥、众安桥、马泾桥、庄水桥、钟家桥、安桥、石隍庙桥、杜家桥、丁家桥、梅花桥、汪兴桥、秀才桥、张家桥、八塔泾桥、寺家石桥、义沙泾桥、义皇桥、同昌桥
古　树	古银杏（位于石佛寺，共有两棵，树龄为 1 240 年）、茶花（位于兴善寺，树龄为 120 年）
古　井	太平寺（位于新篁集镇镇南街太平寺内）
手工艺	凤桥黑陶工艺、竹刻工艺、石佛寺酿酒工艺

图 3-8 古 桥

图 3-9 古 树

图 3-10 竹 刻

图 3-11 陶 瓷

其次，分时段、分步骤建设可持续发展的集约型村庄体系。综合考虑不同聚居点的整治迁并策略，按照"集镇—中心村—基层村"的规划层次，针对凤桥镇村庄匀质、无序、小、散、多的空间布局现状，规划将现有村庄分为撤村建居、撤并、控制发展、聚集发展四大基本类型，以此为基础建立可持续发展的集约型村庄体系。规划明确提出要"科学地改造农村居住方式、传承乡村聚落文化"，因此村庄的各类建设必须分时段、分步骤进行。村庄建设应当结合旧房翻新、征地拆迁等实际情况，逐步改造现有村落，以实现村庄的有机更新。同时对新型农民住宅的设计也要加强指导，以体现不同地区、不同人群的文化风格和个性特点，避免千篇一律。此外，村庄建设还要注意与水网、农田等自然景观的紧密结合，大力整治环境，严格控制污染，实现人与自然的和谐发展。通过集中建设农村居民点，减少村庄建设用地总量，改善农村居民生活条件，提高服务设施水平，实现基础设施共建共享，推动农村走生产发展、生态良好、生活富裕的道路。图 3-12 为乡村自然村落。

第三，保护有特殊历史价值和文化底蕴深厚的村庄。历史文化村落必须保护毋庸置疑。但许多不是历史文化村落的村庄，虽然经济不发达、面貌也比较破旧，却具有深厚的历史积淀，能较全面地反映本地方的乡村聚落文化，因此，规划也应有意识地对它们进行保留和修复，凤桥镇的新民村便是如此。新民村历经沧桑，村庄却完整地保留着原有水乡古村的风貌和格局，驳岸、拱桥、水巷，整齐而又狭窄的石板街面，构成了特有的水乡风貌。新民村用地总面积为 70 580 km²，村庄整体由明清时代遗留下来的老街巷和 20 世纪 80 年代兴修的新区混合组成，用地较为混杂。传统街巷和田园风光是该村的两大特色。根

图 3-12　乡村自然村落

据新民村的现状资源条件，规划将它确定为凤桥三大中心村之一，以传承文化、服务周边村镇。

第四，保留村庄沿主要河道展开的传统特点。为延续凤桥镇"小桥、流水、人家"的水乡格局（图 3-13），发掘江南水乡农村地区恬静、祥和的田园氛围，聚集发展类村落的位置应在整体构想的基础上，尽量与河道保持一定的距离。对于那些相对分散却代表原生态居住模式、临水而设的村落，选择其中聚集程度较高、水系连通、河道条件好、村庄质量高的地段加以保留，并且鼓励周边的村民向这些河道两岸继续迁移，以加大村落的集中程度，提高土地利用率。在对其他规模小且分散的农村居民点进行拆迁、合并时，在条件允许的情况下，迁并后的村落也应尽可能地沿主要河道两侧布局。这样做的目的是保证在实现农村现代化的过程中，桥街相连、依河筑屋，以使古朴的江南农村聚居模式在主要的河道地段依然清晰可见。

图 3-13　"小桥、流水、人家"的水乡格局

（三）建筑景观设计

乡村建筑主要是指以传统民居为主的乡土建筑，反映着当地的自然、社会和文化背景。然而，随着社会的进步，乡村建筑的更新也紧跟时代的步伐，在不断地演变、发展，

从而导致转型过程的盲目混乱，形成的建筑风格五花八门。在建设过程中也出现了一些负面影响，在大片传统农居得到翻新重建的同时，大部分旧式建筑涂上了一层"雪白的外表"，农居建筑布局、材质、色彩趋于一致，农民集聚小区布局仿照城市小区进行规划建设。传统自然风貌被所谓的"规则式"替代。虽然在一定程度上节约了土地，貌似形成更为合理的功能布局，但同时也背离了乡村景观的本质属性，形成的新农村更像是城市的缩影，不可避免的形成"千村一面"，营造的景观缺乏地域特色、同质化现象严重，乡村原有的淳朴、自然、亲切逐渐消逝（图3-14）。

乡村建筑的现代化转型是历史发展的必然. 如何在转型中保证乡村建筑健康有序发展是现代设计师急需解决的关键问题。所以现代乡村建筑景观设计应努力继承传统建筑中优秀的元素，诸如空间形态、材料技术、气候的适应性等，根据现代人的生活习惯。运用现代景观艺术，在建筑材质、形式、尺度等方面形成有机更新。

在乡村建筑景观规划设计中，为形成具有地域特色的建筑景观，根据不同建筑的风貌、质量以及与周边环境的融合性，对乡村现有的建筑按照"保护、保持、整治、整修、改造"5种方式提出保护和更新。

图3-14 同质化严重的新农村景观

（四）庭院景观设计

乡村庭院是乡村居住环境的重要组成部分，是人们进行日常活动的最基本场所之一，其景观构成、元素均与居民日常生活有着直接的联系，在充分理解和认识村民心理、行为要求的基础上，通过乡村庭院景观设计是对乡村建筑与庭院空间环境进行整合互动，连接内、外部空间，形成完整的景观体系。设计应采用小巧、精致的手法，融自然于人居环境中，运用乡土景观元素使乡村庭院保留乡土个性特色，创造江南风情的精致庭院，改善村民人居环境，从而提升乡村居民幸福感（图3-15）。

图3-15　江南风情的精致庭院

（五）公共活动空间

乡村公共空间概念的提出始于社会学，主要是指人们可以自由进出，并进行各项活动和各种信息、思想交流的公共场所。例如文化礼堂、村部广场、集镇街道、农民公园休闲绿地、健身场地，甚至池塘边、林荫树下等，由于这些场所具有一定的景观、商业、休闲等活动功能，具有人群的聚集性和活动的滞留性，是人们最易识别和记忆的部分，也是乡村特色的魅力所在。

在此主要讨论乡村公共活动空间中入口空间、农民公园休闲绿地的景观规划设计。

1. 入口空间

入口空间是乡村的门户，是乡村与外部环境的连接点，是人流与物流的必经通道。对乡村景观的塑造起着重要的作用。古代的乡村入口常为各种风格的水口、大树、牌楼，随着时代的发展，今天的乡村入口空间演变为各种景观要素的有序组合，风格形式多种多样（图3-16）。乡村入口景观的设计以"历史呼应、文化传承、特色塑造"为原则，根据入口区的资源环境特色，通过景观序列、层次的组织，营造优美的环境，具有地方特色的乡村景观，形成个性鲜明的区域标识性景观。如秀洲区洪合镇建北村旧岳头村落入口规划设计。

2. 农民公园休闲设计

农民休闲公园是为了更好地满足人民群众对精神文化的需求，优美的休闲公园可以创造良好的文化氛围、陶冶情操、净化心灵。因此如何营造出尺度宜人、空间丰富、环境协调的农民休闲公园，其中植物景观是设计中非常重要的组成部分。研究植物景观营造对休闲公园空间的功能、秩序、形态、美学、生态的完整性构建具有重要意义（图 3-17）。

图 3-16 美丽乡村入口景观

图 3-17 农民休闲公园鸟瞰图

三、道路景观规划

（一）嘉兴乡村道路景观存在的问题

俗话说"要致富，先修路"，经过近十年的努力。嘉兴乡村地区基本实现了村村通公路，交通环境得到了明显的提升。近几年的新农村建设为乡村道路景观设计创造了良好的平台。在道路绿化、交通标示系统、附属基础设施等方面的建设初具成效（图3-18）。但是在乡村道路景观设计方面还处于起步阶段，美中不足的是乡村道路景观同质化现象较为突出，主要表现在路面材料的运用和道路两侧的景观绿化。具体可以归纳为三个方面：

图3-18　乡村道路景观设计图

第一，乡村主干道和大部分的宅前道路普遍采用水泥混凝土路面，材质单一，景观生硬，缺乏趣味性，缺少乡土气息；

第二，主干道两侧的行道树以香樟、水杉为主，中下层基本无植被，宅前道路以红叶石楠、红花檵木、瓜子黄杨等修剪灌木为主，绿化景观单一。效仿城市道路景观现象突出；

第三，道路两侧的附属设施缺乏系统规划，路灯、交通指示牌等形式多样，后期的维护管理不足，破旧、损坏现象较为普遍。

（二）道路景观由多个系统组成的复合系统

乡村地区道路景观规划并不只关注视觉形象，也并非是美化工程。它还包括了对道路两侧区域在活动领域、生态领域、人文意向等方面的研究。因此，它是由多个系统共同组成的复合系统，其主要构成如下：

1. 空间格局

乡村地区道路景观规划应首先关注空间形态方面的研究。大尺度的带状景观通常包含多个地形特征区域，其地形地貌和山水骨架是一个区域区别于另一个区域的主要识别特征。因此在乡村地区大尺度层面上，道路两侧的平坝、河流和山体的位置及尺度关系，视线和视角的开阔程度是展开空间形态研究的主要线索。由此可根据不同地区的自然格局，在道路线性选择和视线引导上进行因地制宜的控制。

2. 功能活动

应关注乡村地区道路穿过区域的用地功能、产业形态、活动密度等方面的研究，由此可判断在不同区域中主要的功能构成，以及使用者的主要活动类型。例如有产业园的地方可以设置休闲体验场所；有新型社区的地方适宜设置健身活动场所等。活动类型的分析是规划景观空间的根本依据，因为所有的修建环境都是人类活动的产物。可以这样表述用地、人群、活动与景观空间的联系，即用地决定人群、人群决定活动、活动决定景观空间的内容。

3. 生态本底

乡村地区区别于城市之处在于其良好的生态本底和自然景观。绿化植被和河流水体是乡村地区最为常见的景观因子，也是决定乡村地区生态效应的重要因素。对于绿化植被，要研究植物在不同区域中的水平、垂直格局和群落演替的基本生态规律，尊重并展示其自然特色。对于河流水体，其自身特征与其所处的地形地貌息息相关，不同的水面形态、不同的驳岸形式都会对应不同的活动模式和景观处理方式。无论是生态功能还是景观功能，植被和河流都对其品质具有决定性作用。

4. 乡土文脉

乡村地区道路通常串联多个村镇，在不同的区域应该都有其独特的文化传承和乡土习俗。若照搬城市景观的打造模式，盲目追求城乡一体化发展，以统一的标准来规划乡村地区道路景观，到最后易形成风格缺失、生搬硬套的局面。因此，在乡村地区道路景观规划中应加强对乡村景观的乡土文脉的传承，在建筑风貌、景观元素方面展现乡土特色，增强当地村民对其的归属感和认同感。

（三）道路系统设计

道路系统构成了乡村的基本骨架，根据村落布局结构，综合考虑景观规划总体目标，在美丽乡村道路系统规划中，因地制宜合理规划路网，主次分明。满足安全、经济的原则。实现景观与功能相结合，优化乡村内部结构，完善对外交通。乡村道路等级一般分为主干道、次干道和支路，其中，主干道为村庄对外交通和联系各组团的道路，规划建议对现有乡村中宽窄不一的路段加以整治，一般控制车行道宽度在 5～10 m，每隔 1 000 m设置会车道，保证主干道的通行能力和舒适性；次干道为村庄各组团内主要交通道路，规划遵循因地制宜的原则，控制次干路宽度为 5 m 左右，以增强村庄内部联系，同时两侧营造宽度不小于 1.5 m 的道路绿化景观带；支路为村庄组团内部联系村民生产、生活的村巷道路，控制支路宽度为 2～3.5 m，以步行为主，紧急时作为消防安全通道（图 3-19）。

（四）道路景观设计

道路景观是在其地域风俗上积累起来的固有文化、历史、生活的表现（图 3-20）。构成道路景观的要素是多种多样的，而乡村道路景观构成要素主要包括道路本体（路面、路道牙等）、道路栽植（行道树、灌木、树池等）、道路附属物（道路标志、防护栏等）以及道路占用物（电线杆、公共汽车站等）。

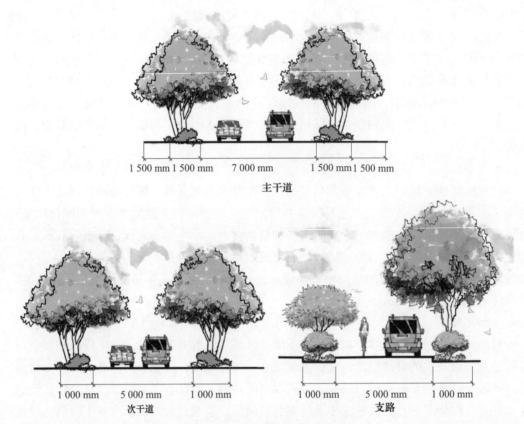

次干道   支路

图 3-19　道路系统设计断面图

图 3-20　道路景观设计图

1.道路路面

路面是人们步行与车辆通行的行为场所，不论是呈现在图面上的，还是铺设在实际地面上的路面都能成为道路景观的基调。从景观层面出发，路面设计主要表现在路面材料的运用，而路面材料除了要考虑其防滑、耐磨、经济等基本功能特性外还要追求视觉效果，即从色彩、质感、形态等多方面着手景观设计。在确定路面材料前，要进行实地调查和资料搜集。在调查研究的基础上，按就地取材的原则，确定最佳的路面材料加强道路景观的装饰性。突出景观的适地性、经济性和可持续性。此外，在设计汀步时尤其要注意尺度的把握，各级间的距离符合人们的行为习惯，形成自然、舒适的步行系统（图3-21）。

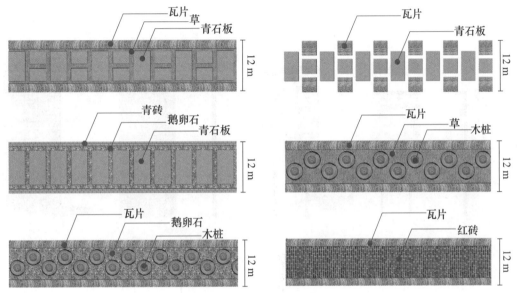

图3-21 道路路面设计图

2.道路绿化

乡村道路绿化是乡村道路的重要组成部分，在乡村绿化覆盖率中占较大比重，其主要功能是改善道路沿线的环境质量、美化乡村、庇荫等。在绿化景观设计中，要坚持适地适树的原则，以乡土树种为主，乔木、灌木、地被植物相结合，体现道路景观特色。对乡村道路两侧原有的树木尽可能地保留，树下可适当种植低矮的小灌木、地被植物以丰富景观；对现状无乔木的路段种植行道树，但应适当错落、间断或成丛布置，并尽可能选择具有典型地带性的树种。主干道两侧宜营造宽度不小于3 m的绿化景观带；次干道两侧绿化景观带不小于1.5 m。村内道路绿化乔、灌、地被植物相结合，应尽量保持野趣，可利用自然植被，稍加人工组织，增植观赏价值高的花灌木，并在景观节点上做透景、框景等艺术化植物配置，以达到"天然图画"的效果，形成三季有花、四季常青的绿化效果（图3-22）。

3.道路附属物

乡村道路中的附属物主要包括各种交通标志（信号灯、指示路牌等）、路灯、花坛及绿化带护栏、路边雕塑等，这些设施在满足保障道路交通安全、发挥道路功能的前提下，应充分体现其景观效果（图3-23）。甚至这些道路附属物可以在道路景观中起到点缀作用，契合

图 3-22　道路绿化效果图

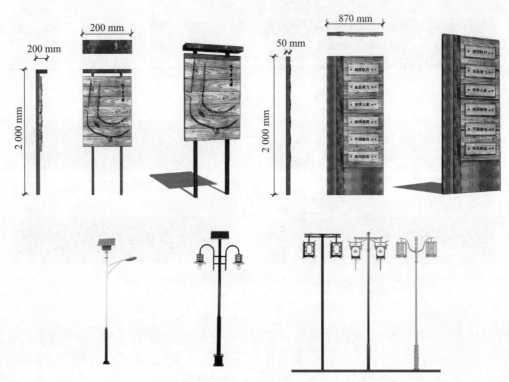

图 3-23　乡村道路附属物

道路景观的主题，充分与其他景观要素融合，使之更富有生活气息，吸引人们注意。乡村道路由于功能性质不同给环境带来不同的特点，因此沿途的道路附属物必须考虑现代交通条件下的视觉特性，例如交通性道路中营造设施尺度要适当大，数量相对要少，造型简洁，这样才能给快速行驶过程中的人留下印象。相反，生活性道路上的设施要相对细致，道路附属物应根据不同的道路性质来选择它的内容、形式和尺度，才能够创造出富有时代感的作品。

四、水系景观规划

嘉兴地区境内河网稠密，水系发达，素有"江南水乡"之称。许多村镇或依水而建、择水而居，形成了不同的水与乡村聚落的空间景观格局。然而由于化肥农药的大量使用、未达标工业废水的排放、垃圾杂物的随意丢弃以及缺乏长效的管理机制，嘉兴乡村水质污染问题也日益严峻。因此，乡村水系景观的整治以及乡村整体环境的改善亟待解决。自浙江省实施美丽乡村建设、五水共治行动计划以来，大部分的行政村都进行的截污纳管，乡村水系的梳理，"整塘、整河"如火如荼地进行，相对之前水质水系得到了很大的改善。但在整治过程中也存在一定的问题，或是出于急功近利，或是工期之因，或是缺乏创新，在乡村水系景观设计中普遍存在以下问题：溪流的形态多"变曲为直"，缺失了原有的自然、生态性；在驳岸的处理上，多采用块石、混凝土材质，以硬化为主要目的；池塘周边基本都种植柳树，植物绿化配置上雷同现象较普遍。

（一）地域文化符号在乡村河道景观中的应用

河流作为大地生命的血脉，是维持大地景观生态系统结构的重要要素。Kelly R 在阐述欧洲乡村景观时指出，居住在乡村地域的人们的邻里、农场、林地、河流、建筑都和地方人民休戚相关，具有深远的意义。近年来，中国城市对河道建设力度越来越大，从以水利治水为主到水利建设、防污治污、景观绿化等多方面的综合治理，尤其在景观方面得到重视，并涌现出大量的理论研究和实践工程。而乡村河道，作为传统的乡村社会所依赖的生活和生产功能的重中之重，则仍停留在防洪排涝、灌溉水利等基础功能上。景观建设面临着景观特色趋同、地域景观差异消失、乡村生态环境破坏等问题。乡村河道治理同城市河道一样，在历经截污、清淤、底泥处理、护岸修复等一系列措施之后，景观也应该逐渐被重视（图3-24）。从乡村河道景观的地域文化入手，总结出地域文化符号在乡村河道景观设计中的作用以及应用方法，以期加强乡村河道景观的地域差异。

图 3-24 乡村景观河道整治

1.地域文化符号在水体中的应用

水体本身就蕴涵着丰富的地域特色，其中水的形态、水的流动、水的晶莹通透和水的音律等又赋予水体独一无二的内容，如果再融入一些地域文化符号，那么就更能够丰富水体的唯一性与多样性，这样，人们所感受到的便不只是大自然的清新，还能够体会到大自然的雄浑广博。具体在做乡村河道景观设计时，要遵从当地的地域文化，并从中提炼出有效的地域文化符号，应用在水的形态、流动、音律等方面，使得在视觉和听觉等感觉上具有明显的地域文化特色。江南小镇、小桥流水的意境等等，都可以作为提炼当地地域文化符号的原型，从而融入当地乡村河道水体景观的设计中。

2.地域文化符号在沿岸景观设计中的应用

沿岸景观大致又可以分为空间景观、植物景观和环境小品景观。空间景观包括滨水空间和水上空间两部分，既可以供人观赏也可以融入人的活动。而空间景观可以充分体现地域文化，因此在做此类景观设计时要充分融入当地地域文化符号，可以结合当地的风土人情和文化氛围设计诸如古镇水乡、民居、渔村、码头、篝火营等空间。

3.植物作为园林中最重要的造景要素

在沿岸景观中具有很高的观赏性，在做植物景观时，一定要紧密结合当地地域特点，尽量多使用乡土树种，适当引入外地树种，同时还要注重当地种植风格，例如，嘉兴地区家家户户喜种竹，丛丛的竹林，形成一种自然朴实而优雅宁静的地方风格。

另外，要构成一副和谐的乡村河道景观画面，仅有近景是远远不够的，同时也需要注重构建远景景观所起到的重要作用。远景景观的构造手法是借景，借用远处的自然景观或人文景观。例如可以把建筑、桥梁、植物、塔等具有当地浓厚地域文化特色的景观作为一种符号元素，通过借景的手法，营造远景景观，以达到景观的完整性（图3-25）。

图3-25 乡村河道景观图

（二）水塘景观设计

水塘是典型的静水区，是乡村水系中最常见的一种水域景观（图3-26）。在园林造景中，常设置水塘以达扩展空间的目的，即攫取倒影，造成"虚幻之境"，如将岸上的景物，乃至天上的行云、繁星、飞鸟和明月都引入池中，就能取得"天光云影共徘徊"、"虚阁荫梧，清池涵月"、"荷塘月色"等意境。

在乡村地区，除了位于居民点中的池塘以及用于水产养殖、灌溉的水塘外，还在乡间田野零星分布着规模、数量不一的小水潭，它们对保持农田水利灌溉、维持乡村生态环境发挥着重要作用，这些水潭及其岸边陆地不仅是重要的动物栖息区，也是影响局部小气候的重要因素，具有生产、生态、美学、休闲等多重功能。因此，对于此类型的水塘应以自然维护为主，避免其过重的人工痕迹。

图 3-26 意境优美的乡村水塘景观

（三）沟渠景观设计

农田灌溉常利用江河之水，通过地面上所开之"沟"，引入农田，水渠是人工开凿的水道，有干渠、支渠之分，干渠与支渠一般用石砌或水泥筑成。沟渠曾是农村常用的一种排水、灌溉系统，用于家庭污水、雨水的排放以及农田灌溉。

在乡村，灌排沟渠是最为普遍的水利设施，它在农业生产中发挥着重要的作用。从材料上一般可分为硬质沟渠（村中的主干渠）和软质沟渠（农田间的沟渠）。软质沟渠（土沟）由于是由土夯实而成，其周边有利于动植物的生长。因此，这一人工沟渠水岸是在乡村中仅次于湿地的自然区域，是重要的生态保护地。而硬质沟渠因可以减少渠道渗漏、增加输水能力、减少渠道淤积等优点在乡村得以推广，但它阻断了岸边的生物物质交流，在乡村生态环境保护方面完全没有加以考虑，其岸边陆地的生态性较差。

沟渠原本是源于乡村灌溉，在景观生态规划设计中，应深入挖掘其内在属性，在体现其灌溉、排水的功能基础上，通过园林造景艺术，丰富水渠景观特性，提高观赏价值。

（四）水岸设计

水岸设计应根据水塘与乡村的空间位置关系、水塘自身的属性和形态特征，选择采用不同的护岸类型、材质。要体现水岸生态性、安全性、亲水性、实用性以及防洪、灌溉的功能。生活型水岸的设计要设置亲水平台、水埠头等附属设施，为乡村居民提供一个戏水、洗衣的空间。观赏型水岸的设计更注重于景观美学特性，通常结合当地的历史文化，运用乡土材料，以植物造景、景观小品设置为亮点，为人们提供一个良好的生态环境（图 3-27）。

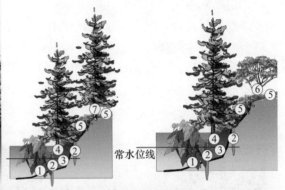

①水生植物　②木桩　③覆土　④水杉　⑤灌木层　⑥小乔木　⑦大乔木

图3-27　河道护岸及滨水设计

五、农田景观规划

嘉兴农耕历史悠久，农业产业水平较高，是一个农、林、牧、渔各业全面发展的综合性农业区域。嘉兴在长期的农耕活动中孕育了以马家浜为代表的农业文化，培育了众多名特优农产品，乡村农业在提供物质产品的同时也为人类提供精神产品。在嘉兴农业生产景观中，谷物生产以水稻为主，每到收割季节，乡村农田便成为一道亮丽的风景线；而经济作物主要有蔬菜、蚕桑、油菜、竹笋等，"油菜花、麦田、稻田"等景观几乎成了乡村的标志性景观。当前，在美丽乡村建设的大环境下，乡村农田也受到了一定的破坏，很多乡村以建设新农村为借口，大面积的占用农田，改建农居，乡村农田正在逐渐流失。农田景观是乡村地区的最基本景观，通常由几种不同的作物群体生态系统、大小不一的镶块体、廊道构成。影响乡村农田景观的因素主要有农作物轮作、农业生产组织形式以及耕作栽培技术运用等，因此，不同的地域环境所形成的农田景观各异。农田景观规划设计是从农田生态学的角度，综合考虑农田景观各要素，对景观空间结构的调整，改善生态环境，维护农田生物多样性，发挥景观的综合价值，提高农田生产力、生态稳定性及美学价值，为人们创造优美的休闲观光场所。

农业景观是一种十分原始而重要的景观类型，在供应人类生活必需品的同时，也孕育了人类文明。我国传统文化的形成和农耕文化便是相辅相成的。农业景观有着很重要的生产和维护生态的功能。工业化进程的加快，影响了传统农业形态，促使传统农业向现代农业转型。而生态农业便是新型农业建设的新方向。近年来，观光农业的兴起和繁荣，是时代发展的必然，而农田景观作为乡村景观中最大的板块，最具乡村特色，是农业旅游不可缺少的部分。

（一）农田景观的美学特性

农田作为一种大地景观有着很高的美学价值，农田景观的美学特性：

1. 平面美

整齐划一的农作物形成了一致性非常高的景观，随着地形变化而起伏；不同的农作物斑块和防护林、道路、沟塘相互镶嵌，独具美感；农田中由农作物这种自然物质形成了富有韵律的纹理，与追求节奏感的人类审美非常契合。

2. 立体美

宏观上面，土地、地形、植物、天空、天空中的飞鸟，形成了一个广阔的、具有多面观的自然景观立体画面；中观上面，不同的栽培形式、间套作，如玉米和花生的间作、果树和农作物的套作，秩序性不仅没有打破，而且丰富了空间感；微观上面，植物的结构是立体的，生长是向上的，这些都是符合黄金分割定律的，最优的土壤结构团粒结构是圆球形的，食物链也是圆形的，大自然呈现了非常严谨的几何美学。

3. 色彩美

由于追求经济效率的原因，农田作物的种植规模都是比较大的，大尺度的色块给人的冲击力很大。大这个审美观念来源于农耕社会，肥、大和美都是相关的，大是对平常体积和力量的超越，是人类所崇尚的，因此四季变化和植物生长周期所形成的多彩世界深受人们喜爱。

4. 文化美

农田的美是和农业生产相依托的，长期以来，农业劳作不管是劳动对象、劳动者或劳动工具，都被赋予了深厚的文化内涵，从社会层面角度来体会，更能带给人们朴实美的体验。

另外，农田生态系统是农业生态系统的子系统，以农作物为中心的，与其他生物包括人类、杂草、树木、昆虫、鸟类、鱼类、食草性动物等等的相互影响和能量的交流，具有一定的稳定性、持续性。随着原始自然生态系统的破坏，农田生态系统虽然是一个半人工系统，但是绿色植物占了绝大多数，自然成分很高，农田担负着诸如食物生产（粮食、蔬菜、水果）、原材料生产（木材、燃料）、景观愉悦、气候调节、废弃物处理、生物多样性保持等等的生态服务功能，对维持自然生态平衡也作出了不可忽视的贡献。保护农田生态系统的稳定性也至关重要（图3-28）。

图3-28 农田景观

（二）农田肌理

肌理是指物体表面的组织纹理结构，即各种高低不平、纵横交错、粗糙平滑的纹理变化，它表达了人对设计物表面纹理特征的心理感受，是构成视觉和触觉形象最基本的要素。就乡村农田景观而言，农田肌理并不仅仅指种植农作物的田地肌理，它的广义包含各种各样用于营造农田景观的元素。既表现在硬质景观方面又体现了软质景观的营造，如田埂、驳岸、岩石、植被、水体等。不同的材质通过不同的手法可以表现出不同的质感与肌理效果，如大理石纹理的细腻，草坪的柔软，树干的挺拔，山林的茂密等，所形成的农田景观富有趣味性而又不乏内涵。

（三）农田色彩

色彩是塑造乡村农田景观美学形象的有效途径之一，因为色彩是自然赋予农作物最丰富的表情，是不同种类的农作物或分散或聚集表现出的整体效果。不同农作物由于季节、气候、环境的变化而改变自身的色彩，同时也由于自身种类的差异而产生不同的表面特征。这样，农田景观便具有了在不同条件下的不同景观美学形象（图3-29）——春、夏、秋、冬季相色彩景观。如初春的三四月份，春意盎然的时节，金黄而热烈的油菜花，连天接地，空气中弥漫着它们浓郁的芳香。人在花海中徜徉，是一种心醉神迷的意境。夏，成熟之色，苍翠欲滴。秋，丰收之色，红黄交接。冬，焕发之色，灰白相间。农田景观设计结合乡村自身地理环境和农耕文化、风土人情等进行色彩规划，考虑色彩的地方性，注重本地土壤、气候、水体、植被的特点，用色彩景观来体现乡村农田的特有风格。

图3-29 农田景观的四季美学形象

六、农业观光园景观规划

乡村农业观光园是以休闲、观光为主题，以种植业、畜牧业、渔业、林果业等高科技现代农业生产为基础，集休闲游乐、旅游观光、生态建设、农业生产、科技示范、科普教育等多功能于一体，也是推动现代农业向专业化、集约化、商品化发展的有效形式。农业观光园因其广泛的资源，多样的形式吸引大批的游人观光，成为乡村旅游的主要形式之一，将丰富的农业资源和旅游资源有机地结合，使乡村现有的农业产业资源和民俗文化资源得以充分利用，使乡村特有的文化、民俗风情、技艺得以延续和传承。

（一）嘉兴地区的生态情况

嘉兴地处太湖流域水网平原，土壤肥沃，湖荡众多，拥有较好的土地、水域湿地等农业资源，形成了田、水相间的江南水乡式的田园格局；生物资源丰富，气候适宜，有利于众多动植物生长；种养业发达，具有发展精品农业和生态休闲观光农业的资源优势。

1. 土壤

分水稻土和湖土两个土类。嘉兴土壤养分状况良好，土层深厚，有机质和全氮含量较高，酸度适中，宜水宜旱，具有较高的土壤生产力和供肥力。

2. 气候

地处北亚热带南缘，属亚热带季风气候，温暖湿润，四季分明，日照充足，雨量充沛。年平均气温 15.7℃，年无霜期 240 d 左右，年 10℃以上积温 5 000 ℃，年日照量 2 100 h，较适合人类居住和多样化农业经济的发展。

3. 水

嘉兴市年降水量 1 100～1 200 mm，地面水资源年均约 16 亿 m^3，浅层地下水年约 3.5 亿 m^3，河网稠密，水源丰足。

4. 生物资源

嘉兴市生物种类繁多，据《嘉兴市志》记载："全市现存高等动植物约 335 个科，1 429 个种，其中高等植物 119 个科，620 个种；动物 216 个科，809 个种。"

在乡村营造集生产、休闲、观赏、娱乐于一体的观光果园是现今浙江省美丽乡村建设重点内容之一。所以，在景观设计中体现的"以人为本"思想主要是强调人在乡村景观中的主体地位，从使用者的角度出发，满足人们各种心理、生理需求，为人们提供舒适的景观空间，为乡村景观增添美景。

（二）观光果园规划设计原则

观光果园作为一项新兴产业，具有增加农民收入，加强农业科普教育，引导消费，改善生态环境等功能。当前，观光果园在发展中虽然存在一些问题，但只要做到科学合理规划，突出特色，对我国调整农业种植结构，发展高新农业模式具有重要的意义。

1. 依托资源，科学规划

观光果园涉及果树栽培、景观设计、生态保护、旅游管理等多门学科，是一项十分庞大的系统工程。因此，加强对其系统理论的研究，把握其设计的要素与原则，做到科学规划，对观光果园这一新兴产业的发展具有重要的意义。建园时，经营者应对建设用地的城市发展、农村经济、农业产业、果业资源、市场需求等进行全面的调研和充分论证，规划要充分依托当地农业的主导产业，依托优势的果树品种，要符合整个地区的产业发展，力争得到政府的资金和政策支持，争取在赋税、信贷、用地等方面得到政府政策的倾斜与优惠；设计上应充分考虑生产用地，观光休闲景点、住宿、餐饮、娱乐等公共设施，以及交通运输等非生产性用地的规划安排；要注意美感，要做到既美化环境，又改善生态条件，有利于观光果园的健康、可持续发展。

2. 因地制宜，适地适树

观光果园景点中果树是主体。而果树生产具有地域性和季节性，发展观光果园就是要因地制宜，根据当地的果树资源、气候特征、生产条件等选择合适的果树品种和观光项目。选择适生的优良品种，充分体现、保护和利用果树的地域特色，展示最具有区域特色的果品、果业技术和成果，体现本地区的历史文化与风土人情。

3. 突出特色，合理布局

特色是观光果园的生命线。观光果园要吸引游客，就是要在精心规划、合理布局的基础上开发自己的特色，要突出特色的果树品种和果园环境，满足游客求新、求奇、求特的心理需求，充分展示果树的新、优、奇、特、色、香等美学特点。通过合理布局，分片规划，种植不同花期和果实成熟期的果树，设置赏花区、观果区、体验区等。

（1）赏花区

主要根据不同果树的不同花期、花色、花形，既可以将不同花期的果树分片布局，延长赏花时间，又可以将同一花期的果树连片相邻布局，形成花海景观，还可以将不同花色的果树混栽，形成芬芳艳丽、五彩斑斓的景色，让游客徜徉在花的海洋中，享受大自然带来的美好（图3-30）。

图3-30 田园花海

（2）观果区

主要突出果实的外形、果色等，既可以展示水果的新、奇、特，又可以大面积的种植同一种水果，展示硕果累累，春华秋实的景观，让人们油然而生一种丰收的喜悦之情。甚至可以通过合理配置果树的观赏资源，营造一个月月有鲜花、季季有鲜果的果树景观。

（3）体验区

可以让游客从事一些简单的农事活动。尤其在农事节气之时，可以开展疏花疏果、整形修剪、浇水施肥、病虫害防治等，这既丰富了游客的休闲娱乐活动，又可以让游客在亲身体验中获得一些有关果树栽植、采摘、贮藏保鲜、加工等科普小知识（图3-31）。

图3-31 体验区

4. 崇尚自然，突出美感

自然美是观光果园应追求的一种艺术美感。人们摆脱城市的热闹喧嚣，到野外体验大自然的美景，美丽自然的田园风光是每个观光果园游客向往的景色。经营者要通过科学规划，巧妙布局，依托建设用地所在自然生态资源、环境条件，在建设景点、基础设施时要尽量减少人为的痕迹，要师法自然，营造一种"虽为人作，宛若天开"的景观。

在景观规划设计初期对项目基地进行系统、全面的考察，根据实际情况，选择适宜当地发展的林果树种，尽量选用能被更好利用或恢复原有生态系统的植物种类，使林果地植物系统形成一个生长良好且稳定的生态群落。在使用外来物种果树时，应密切关注外来物种的入侵性，充分利用周边环境资源，合理规划布局，营造良好的生态格局，从而获得理想的生态效益和经济效益。

生态的可持续性是乡村林果园健康发展的大背景，林果园的建设应该以不破坏原有生态平衡为前提，维持原有生态格局、乡村地貌，重视环境的可持续发展，建立稳定的生态系统。"生态优先"原则是创造林果园恬静、舒适、自然的生产生活环境的基本原则，也是提高林果园景观环境质量的基本依据。

特色产业是经济发展的生命之所在，愈有特色，其竞争力和发展潜力就愈强，因而林果园景观设计要与当地特色产业相结合，明确资源特色，选准突破口，使整个乡村林果产业特色更加鲜明，使景观规划更直接地为居民服务，调整产业结构，改善生态人居环境，切实提高乡村居民收入。

七、美丽乡村旅游景观规划

乡村旅游景观规划是通过以乡村地区的自然风光、农业生产、民俗风情、历史文化为旅游承载点，以吸引外来游客、提升乡村知名度为目的，满足旅游者观光、体验、娱乐等需求的现代乡村活动。乡村旅游景观的营造对调整和优化乡村产业结构、保护生态环境、促进乡村经济发展具有重要意义（图3-32）。

图 3-32　乡村旅游景观图

（一）美丽乡村精品旅游线路

随着美丽乡村建设的全面实施，创建了一系列特色的美丽乡村，如珍珠散落于各地，但逐渐出现了重复建设、势单力薄、停滞发展等问题，纷纷探索解决之道，提出了"串点成线，以线带面，整体推进"的美丽乡村联合发展之路——美丽乡村精品线。它是将乡村的"精品"有机连接集成的发展轴线，能更好利用和展示乡村资源，促进三产融合发展和新型业态的培育，联合发挥农村农业观光、休闲运动、养老养生等综合功能，有序、整体、系统、科学地巩固美丽乡村建设成果，加快当地社会、经济、文化发展和城乡统筹发展。然而在精品线建设过程中出现了方向偏差、思路不清、盲目开发、资源浪费等问题。从规划设计角度进行研究分析，首先要确定美丽乡村精品线概念、资源评价、布局结构、特征、分类以及规划设计的目标意义、原则和内容体系；其次要确定美丽乡村精品线建设发展模型构建，包括自然地理主题、产业经济主题、历史人文主题、现代民生四大主题；第三美丽乡村精品线规划设计策略制定，包括各级精品点的道路交通体系、沿线景观风貌、配套设施、产业发展等规划设计策略、引导方向以及措施保障。美丽乡村精品线规划设计需要以理论为指导，理清思路，明确主题方向，以科学有效的方法有序开展，并以发展的眼光不断完善，有机更新并使精品线拓展至更长远的未来领域。

（二）旅游配套服务设施规划

1. 公共服务设施

公共服务设施主要包括咨询中心、餐饮、超市、医务室、公厕、停车场、加油站等，是指为游客在旅途中应对日常事件、突发事件。增加其逗留时间和消费的设施，此类服务设施具有布局分散、规模小的特点，同时又是游客旅游过程中必不可少的部分。直接关系到美丽乡村的整体形象。因此，在乡村公共服务设施规划上，可以采取统一规划布局的措施，根据乡村的游客量、需求量，按照合理的服务半径，设置游客咨询中心、公厕、超市等，将各种服务设施遍及整个村域，构成完整的服务设施系统（图3-33）。

图 3-33　乡村公共服务设施

2. 旅游标识系统

旅游标识系统主要是反映乡村的景观节点、服务点及道路交通等旅游信息，指导游客能够快速、便捷地找到理想中的目的地。因此，在乡村入口、道路沿线、重要节点附近设置指示牌、标识牌，增加特色鲜明的景观元素，加强标志性特色，便于游客及时获得相关的导游信息。在标识景观设计中，根据乡村所处的区位、资源、环境，充分运用当地的材料，设计具有乡土气息的景观设施。

八、美丽乡村文化景观规划

（一）挖掘保护

乡村景观规划设计过程要加强对乡村文化的保护，弘扬优秀传统文化，保护乡村弱质生态空间。对自然湿地、野生物种及生活环境、主要湖泊、水源地和其他生态敏感区应加强保护措施，禁止或控制建设活动。乡村地区承载着数千年来农村文明的发展，虽然时代的变迁使得乡村居住形态经历了一次又一次的变化，但一脉相承的家族亲缘、邻里关系和传统习俗使得它们成为乡村文化的重要载体。

在美丽乡村景观建设过程中不应急功近利，不应重蹈城市建设大拆大建的覆辙，更不能让乡村特色伴随着新农村建设、景观重构而逐渐消失，在文化景观建设上尤其要重视保护古民居、古村落、传统习俗、风土人情等具有地域文化特征的景观要素，继承和保护优秀的历史文化。景观实践中，一般乡村文化景观的设计元素来自当地的传统建筑、文化、思想、民俗、服饰、农耕以及生活方式等方面的内容，通过乡土元素的运用，使乡村文化景观更亲切、更富有地域特征。适当保留这些元素符号可以增强人们的邻里亲近感、凝聚力和归属感，通过寓教于游、寓教于乐的方式，整合乡村历史文化景观资源，融入现代乡村生活中。

（二）继承发展

继承与保护乡村文化景观不是绝对的也非停滞不前，而是在继承保护的基础上，与当地居民的生活环境、精神文明建设相互联系，满足当地社会经济发展需求，结合乡村景观发展，合理开发利用。强调保护的同时，应遵循"有机更新理论"，保护历史文化所谓完整性，充分利用历史文化元素，通过更新乡村肌理、空间形态、景观布局，丰富乡村的聚落空间，同时允许局部景观的更新以适应现代生活的需要。

美丽乡村景观的建设一方面给传统的乡村文化景观带来冲击，另一方面乡村景观开发也促进了传统文化景观的保护和复苏，把握好景观设计的"度"显得尤为重要。这就需要充分挖掘地域特色，提取乡村传统符号，利用现代景观设计手法重新演绎，保留文化精髓，培育新文化，将传统与现代景观相结合，形成"古为今用、和谐美观"的景观效果。在美丽乡村文化景观的建设及改造过程中，如果处理不好，还将会带来一系列的负面影响，如景观同质化、传统文化流逝等问题。因此，在挖掘自然形成的乡村文化景观时，要以可持续发展理论为基础，充分考虑当地人们的乡风民俗，通过规划设计选择文化景观发展方式、方向，加强传统乡村文化景观的保护利用，加快新文化培育，形成人与景观和谐的美丽乡村（图3-34）。

图 3-34　人与景观和谐的美丽乡村

第四章
美丽乡村景观规划设计实践案例

第一节 美丽乡村总体规划

嘉善县惠民街道美丽乡村总体规划设计

项目名称： 嘉善县经济技术开发区（惠民街道）美丽乡村总体规划
委托单位： 嘉善县经济技术开发区管委会（惠民街道办事处）
设计单位： 嘉兴美地规划设计有限公司

一、规划总则

1. 规划原则

城乡统筹，互动融合

落实本市城乡一体化"形成城区现代繁荣、乡村生态优美的规划建设体系"的要求，以转变村庄经济发展方式、提升村民居住生活水平，改善村庄生态环境质量为目标，构建互动融合的城乡建设格局。

合理布局，节约用地

以建设资源节约型和环境友好型社会的目标为宗旨，保护耕地，集约用地，落实土地利用总体规划对村庄基本农田、建设规模的要求，优化农村用地布局。

保护生态，改善环境

保护村庄原生生态基质，发挥村庄在城乡空间体系中重要的生态系统和环境保障作用，改善生态环境，提高环境品质。

统一规划，分期实施

统一规划、统一管理、分期实施、滚动发展的原则。村域实行统一、全面的规划，重视村庄建设与城镇建设的协调。村庄在实施过程中要量力而行，分阶段、分步骤地滚动开发。

2. 规划主题

上善家园·多彩惠民

上善：至善。极致的完美。《老子》："上善若水，水善利万物而不争。"在道家学说里，水为至善至柔；水性绵绵密密，微则无声，巨则汹涌；无人无争却又容纳万物。人生之道，莫过于此。

多彩：通过梳理和分析，整个惠民街道由田园、村落、厂房、碧水等组成，有色彩斑斓的炫美之乡，故以"多彩"状其绚丽多彩之田园特色。

嘉善县是善文化传承地。它既有"嘉善"之善名，又有袁黄、陈龙正这样的劝善思想家和实践者，更有与人为善、戒恶扬善，以和为贵、以善为美的"善文化"的内在基因和历史积淀。

善乡善风 "一方水土养一方人"。嘉善地处江南水乡腹地。"上善若水"，水的性格和特征造就了嘉善人好学善思、温敦从容等特点，宽容大度、吃苦耐劳等性格。千百年来，嘉善孕育了别具一格的人文精神，形成了独具特色的"善文化"。

通过美丽乡村的建设，不仅改善我们的人居环境，同时把惠民的人文历史风俗习惯得以挖掘、保存、发扬，使惠民人有历史的记忆，有文化的归属，有不舍的乡愁。

二、规划思路

1. 周边板块、要素分析

惠民街道地处长三角中心地带，区位优势明显，东接国际大都市上海，西有嘉善国家级经济开发区，并在国家级 4A 景区西塘古镇和长三角温泉新标杆云澜湾温泉的辐射范围内，地理位置得天独厚。

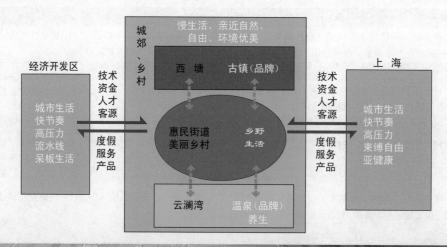

规划思路

周边板块、要素分析

2. 结论

（1）以周边旅游产业为契机，整合乡村资源配置旅游接待中心、温泉农家乐、民宿、商业服务中心等打造乡村生态旅游休闲产业。

（2）文化体验区：以"善"、"孝"文化为载体，打造文化产业园区，赋予乡村文化活力。

（3）休闲农业观光体验区：通过观光农业、采摘农业、花卉种植等设置形成乡村生态农业产业体系。

（4）现代农业休闲观光产业区：通过有机植物。依托大都市的消费能力，建成上海的后花园。

（5）美食体验：结合规划，将美食与乡村体验结合起来，进行点缀。

3. 案例分析

（1）婺源

在新一轮发展中，被外界誉为"中国最美的乡村"的婺源立足"一个中心、三大产业、一个大公园"的发展思路，围绕建设"中国最美乡村、世界最大生态文化公园"的目标，全力把婺源打造成一个以"优美的生态环境、发达的生态经济、繁荣的生态文化、和谐的生态家园"为主要内容的美好家园。

建设一个中心：立足生态和文化优势，紧紧抓住旅游这个经济工作的中心，做大做强旅游、茶叶、高新技术三大产业，努力把婺源建成"中国最美乡村、世界最大生态文化公园"。

发展三大产业：旅游经济活力迸发，先后开发 10 多个精品景区，形成 3 条精品线路；茶产业日益壮大，采取政府引导、市场运作的办法，组建以资本为纽带的婺源绿茶股份有限公司，做大做强茶业龙头企业；高新技术产业增量提质，鼓励发展有利于生态建设和环境保护的生物、电子、新材料、绿色食品、旅游商品等高科技、无污染企业。

打造一个大公园，婺源把全县 2 947 km^2 作为一个"生态文化大公园"来打造。

嘉兴市 **嘉善县惠民街道** 美丽乡村总体规划设计
Master Planning Of Huimin Jiedao | Page

（2）安吉

安吉县围绕"中国美丽乡村"精品观光带建设，精心打造一区一镇一村七园，完善提升"安吉白茶"、"黄浦江源"、"中国大竹海"和"昌硕文化"4条美丽乡村精品建设带，并制定年度创建计划，有序推进。精品建设带上建设推出一批精品山村旅游点，建成一批以山林体验、民俗风情、自然景观为特色的山村休闲旅游群落，以此打响安吉品牌。

4. 案例启示

● 尽可能挖掘自身的最大特色，并形成核心价值；

● 尽可能利用周边可利用的资源，抱团联动发展，
   最大化惠民街道的价值内涵；

● 培育核心产业，多种产业并重发展；

5. 规划目标

北城南乡，城乡一体
西工东农，工农互哺
一廊二片，生态优先
一城四形，宜居乐业

■规划思路   **规划目标 ■**

根据惠民街道总体规划、土地利用和生态功能区规划，综合考虑各地不同的资源禀赋、区位条件、人文积淀和经济发展水平，按照"重点培育、全面推进、争创品牌"的要求，实施美丽乡村建设。到2018年，力争镇域80%以上的农村达到美丽乡村建设工作要求，发展重点景区、改善农村环境、挖掘特色村落，打造形成全市"美丽乡村"示范。

6. 规划模式

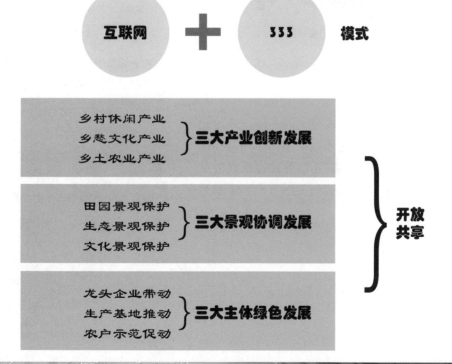

三、规划布局

1. 规划结构

美丽乡村是由乡村地域范围内不同土地单元镶嵌而成的块状体，包括农田、果园及人工林地、农场、牧场、水域和村庄等生态系统，以农业特征为主，是人类在自然景观的基础上建立起来的自然生态结构与人文特征的综合。

规划结合惠民街道的具体情况，制定行动纲领，首先将惠民街道美丽乡村结构分为三个部分：

"点" 指的是惠民街道内具有影响力的景观节点和人文环境，这是展示美丽乡村最前沿的阵地，是惠民街道对外的重点形象，如了凡文化产业园、钱能训文化产业园等景观点，这些都是直观反应美丽乡村美好形象的点。

"线" 指的是联通各个"点"的乡村廊道，如绿道网络、交通网络、水系网络等。这些是美丽乡村的重要载体，形象的好坏直接关系进入惠民街道的第一印象，由"线"引出的道路、河道的绿化、亮化、洁化尤为重要。

"面" 指的是乡村社区，社区环境关系老百姓的日常生活。规划结构由点到面，逐步深化、逐步扩散，将乡村的美好和清新全方位、立体地呈现出来。

"以线串点、点线联网，带动辐射"

（1）规划结构——点

美丽乡村是由乡村地域范围内不同土地单元镶嵌而成的嵌块体。规划建设顺序由点到面先建设特点及产业点、旅游点。再加强廊道景观的提升，最终扩散至各个社区达到美丽节点、美丽廊道、美丽社区。

嘉兴市 **嘉善县惠民街道** 美丽乡村总体规划设计
Master Planning Of Huimin Jiedao | Page

■ 规划布局

规划结构 ■

（2）规划结构——线

美丽乡村是整个美丽乡村的网络，包括了绿道网、道路网和水系等多方面。规划要将交通网络硬化、美化、洁化，发挥美丽廊道的作用。

（3）规划结构——面

按照"布局合理、设施配套、环境优美、生活舒适、文明和谐、具有浓郁现代气息和乡土特色"的嘉兴示范性城乡一体新社区创建要求，高标准建设新社区道路、供电、排污等基础设施建设，完善公共服务配套，提升社区服务功能，增强农民集聚吸引力。

图 例

■ 新市镇
□ 新市镇社区
■ 城乡一体新社区
■ 社区精品线路

2.空间布局

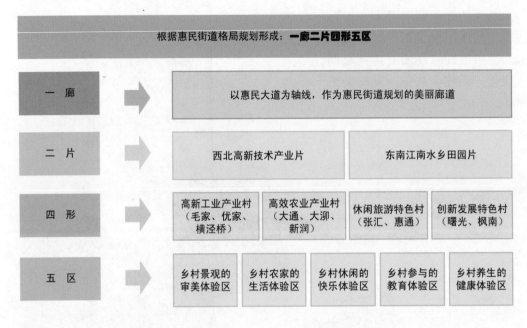

根据惠民街道格局规划形成：**一廊二片四形五区**

| 一 廊 | ➡ | 以惠民大道为轴线，作为惠民街道规划的美丽廊道 |

| 二 片 | ➡ | 西北高新技术产业片 | 东南江南水乡田园片 |

| 四 形 | ➡ | 高新工业产业村（毛家、优家、横泾桥） | 高效农业产业村（大通、大泖、新润） | 休闲旅游特色村（张汇、惠通） | 创新发展特色村（曙光、枫南） |

| 五 区 | ➡ | 乡村景观的审美体验区 | 乡村农家的生活体验区 | 乡村休闲的快乐体验区 | 乡村参与的教育体验区 | 乡村养生的健康体验区 |

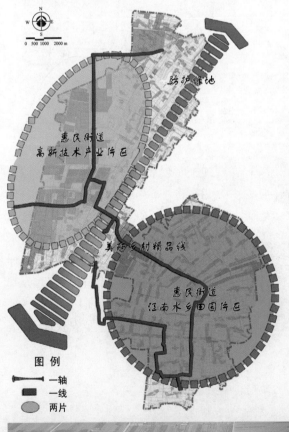

根据长三角集都市农业、先进性制造业、休闲观光旅游业于一体的城乡协调发现含特色，结合惠民街道的实际情况，将惠民街道建设空间格局归纳为：以"一廊、二片、四形、五区"为重点，打造两条精品线路：一条是历史文化轴线；另一条是现代农业轴线。

　　推出"一村一品"，充分利用本地资源优势，开发具有地方特色的精品或拳头产品，发展本村经济。"一品"可以是土特产品、一个旅游资源、甚至是一首民谣，开发成全市乃至全国都能叫得响的产品。利用特色产业适当发展休闲旅游业。

　　重视村口标识设计和内部环境整理，尽量采用当地建材和当地树种，修建和整理的理念应突出本村的"一品"特色。

　　维持传统乡村聚落肌理、尺度和建筑形态。加强村落内部绿化建设。改善河道水质与驳岸建设，凸显江南水乡的生态或文化价值。

　　"一村一品、一村一景、一村一业、一村一韵"，将惠民街道分为"二片四形"，二片：西北高新技术产业片，东南江南水乡田园片；四形：高新工业产业村，高效农业产业村、休闲旅游特色村、创新发展特色村四大类。精心打造：

清新氧吧新大泖
温泉后岸新张汇
惠绿蜜梨新大通
善美有爱新毛家
人居和谐新横泾
干事创业新曙光
慈孝善感新惠通
幸福宜居新优家
人杰地灵新新润
红枫映日新枫南

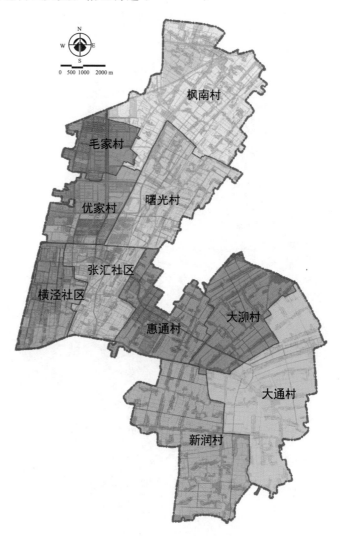

四、建设内容

1. 产业建设

嘉善经济技术开发区正紧紧围绕推进"县域科学发展示范点"建设的总体目标，坚持走"融入上海、全面转型，创新驱动、统筹提升"之路，致力于加快打造经济转型、产业升级的示范区，开放合作、融入上海的先导区，创新驱动、高端要素的集聚区，产城融合、宜居乐业的和谐区，大力发展以工业自动化装备为主的先进制造业和以工业设计、文化创意为主的现代服务业，并以此加快推进现有企业的转型升级，全力以赴建设"一流国家级开发区"。

以国家经济开发区的标准进行扩容建设，作为承载以装备制造业、精密机械（汽摩零部件）、电子信息业为重点的相关企业及物流等现代服务业落户的发展平台。

东南片区以江南水乡为基地，农家田园为特色，休闲、旅游、养生行业并行的生态型"美丽乡村"。坚持以高效生态农业为主攻方向，先后建成了蜜梨在内的六个产品生产基地和五个农民专业合作社，经营水平不断提高，被省政府评为浙江省果品产业和畜牧产业特色强镇。"惠绿"牌蜜梨荣获省农博会金奖、市名牌产品和著名商标，并通过农业部首批无公害农产品认证，种植面积达333.33 hm²。"龙洲"牌生态鳖还成为我县首个国家级"有机食品"，知名度不断扩大。

2. 特色产业

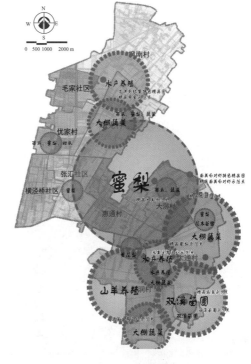

3. 人文精神建设

惠民街道人杰地灵、文人辈出。唐代宰相陆贽祖上，自东汉末年即为江南望族。宋、元时期张泾汇窑村成市，王带（今王埭）一带群商聚货。因经济兴盛，为历来文人所推崇，留下了陆贽、支大伦、袁黄、陈正龙、钱能训等名人文化史迹。

境内民间文化历史悠久。明清时庙会盛行，承载着摇舢船、地戏、行街舞等多项民间文艺活动。唱书、演戏、民间故事传说和民间曲调长兴不衰。

钱能训

陆贽

4. 文化、农业轴线

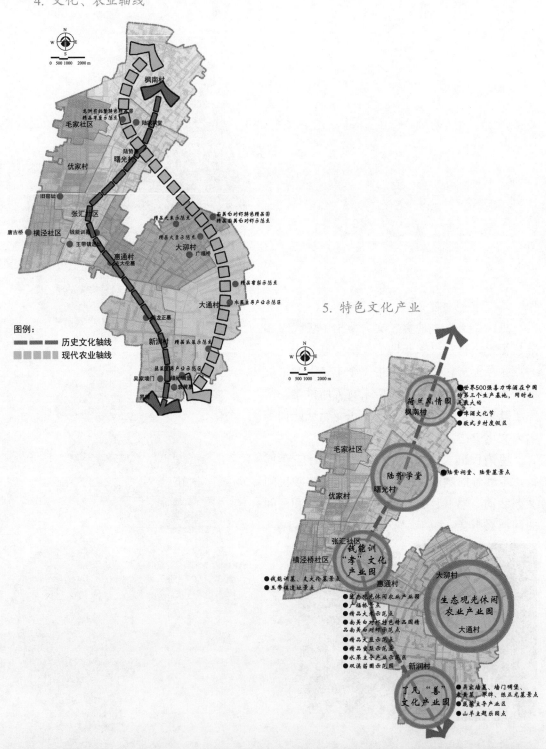

图例：
━━━━━ 历史文化轴线
▨▨▨▨ 现代农业轴线

5. 特色文化产业

建设内容 产业发展

6. 产业发展

（1）农业提升策略

惠民街道南面的大片农田现有农业基础较好，通过规模化经营提升惠民农业产业，并适当引导产业向旅游业的转型升级。

① 土地规模化经营提高农业效益。土地规模化经营是将农业生产联合起来，形成规模较大，商品化、专业化、社会化程度较高的新型农业经营形式。

② 引入旅游项目提升农业层次。

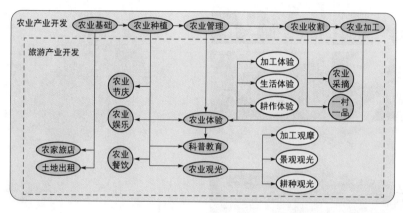

（2）旅游业提升策略

① 合理确定惠民街道旅游的市场人群，策划活动，突出惠民街道旅游的"体验性"，乡村体验游是乡村旅游未来发展的主流趋势。惠民街道的旅游应充分挖掘农村、农业、农民、农俗、农品

等乡村旅游元素在乡村体验中的作用，针对不同的目标人群，谋划惠民特色的"真体验"。

② 主动融入周边旅游产品，实现联动，周边有云澜湾温泉、古镇西塘等著名景点。

群体类型	活动需求	项目策划
企事业单位、商务人士市场	适合健体、农家菜等较高端旅游产品	高端酒店
白领市场	适合价位适中的休闲、健体、刺激、娱乐的旅游产品	垂钓等活动、绿色养生吧
亲子市场	适合价位适中的休闲、寓教于乐的旅游产品	农家乐、开心农场
银发市场	适合符合老人需求的餐饮、养生度假、疗养等旅游产品	居住老年养生会所、禅茶养生馆
奖励市场	需要与员工培训、商务会议相联系的多样化服务	
青少年市场	适合与教育相联系的春游、秋游、夏令营等旅游产品	春游、秋游、夏令营基地
爱好者市场	适合真自然、原生态的旅游产品	摄影大赛、驴友大本营、古村写生

7. 重点产业建设

惠民街道在嘉善县生态共划分为现代城镇、工业与生态旅游观光功能区。惠民街道应充分发挥沪嘉纽带的区位优势，借助嘉善"一核三区一心"旅游空间格局中"一心"古镇西塘和"三区"之一的大云省级旅游度假区的品牌效应。

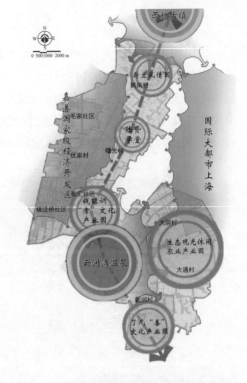

8. 荷兰风情园

喜力啤酒是一家荷兰酿酒公司，2012年，喜力在世界85个国家拥有超过165家酿酒厂，喜力为世界500强企业，2012年排名第464位。喜力亚太酿酒（中国）控股私人有限公司即将在中国华东地区建造其在中国规模最大的酿酒厂，这座新工厂将落户于浙江省内的国家级经济开发区——嘉善。

规划在喜力酿造厂旁边建造一个荷兰风情园。园区以荷兰风情来打造，可在里面规划郁金香园、风车园等等具有浓郁荷兰特色的园区。可游览、参观、休闲、拍照（婚纱照）等活动，配合喜力啤酒，可以举行啤酒节等互动性质较强的活动，来增加整个园区的人气。

9. 文化产业园

"善"文化：嘉善县是善文化传承地。它既有"嘉善"之善名，又有袁黄、陈龙正这样的劝善思想家和实践者，更有与人为善、戒恶扬善，以和为贵、以善为美的"善文化"的内在基因和历史积淀。

善乡善风 "一方水土养一方人"。嘉善地处江南水乡腹地。"上善若水"，水的性格和特征造就了嘉善人好学善思、温敦从容等特点，宽容大度、吃苦耐劳等性格。千百年来，嘉善孕育了别具一格的人文精神，形成了独具特色的"善文化"。

"孝"文化：孝作为中国文化的一个核心观念，体现了儒家亲亲、尊尊、长长的基本精神，它既是纵贯天、地、人，祖先、父辈、己身、子孙，过去、现在与未来的纵向链条，也是中国一切人际与社会关系得以形成的精神基础，是中华民族精神的渊薮。孝是民族认同的文化根基，孝是中华民族的传统美德，孝是天下为公的社会责任意识的源头。优秀孝爱文化对于构建文明和谐社会具有积极的作用。

围绕"中国美丽乡村"，精心打造文化产业园，根据"善"、"孝"文化的衍生。惠民街道应该充分挖掘体验经济，剖析惠民街道体验的肌理为：乡村景观的审美体验、乡村农家的生活体验、乡村休闲的快乐体验、乡村参与的教育体验、乡村养生的健康体验，将惠民街道分为高新技术产业特色区、综合服务区、亲子互动体验区、村落风情体验区、农业休闲体验区等。

10. "绿化、美化、彩化"三化工程

三化工程主要包括：①道路三化；②河道三化；③农民公园；④庭院社区绿化。

图 例

▮ 航道廊道绿化
▮ 高铁廊道绿化
▮ 高速廊道绿化
▮ 一级公路廊道绿化
▮ 二级公路廊道绿化
▮ 通村公路廊道绿化

11. 绿地分析

图　例
- 水系绿地
- 生态绿地
- 防护绿地
- 生态绿道

12. 惠民街道美丽乡村点分布图

　　保留原居民，允许少量增减。新建房主要是以见缝插针式建设于村落内部或周边的空闲地内，村落整体形态基本不变化。

潮泥滩保留100户，拟迁入104户，人口714人。

河墩65，210人

惠通塘湾里拓增74户保留15户

惠通新社区150户

戴家桥保留25户

牛力泾用地面积7.1公顷，总户数34，保留55户

界泾用地面积11.89公顷，总人口473人，保留户数105户。

孙家浜拓展54户，保留16户

新浜用地面积6.74公顷，保留62户，新增3户。

大通新社区用地面积32.7公顷，总户数660，石牌泾保留142户。

杨家浜、屠鲁浜用地面积：10.31公顷，总人口301人，保留66户，拟迁入户数22户。

渔民村用地面积3.31公顷，总人口291人，保留5户，拟迁入78户。

吕港村54户，185人

师姑浜用地面积6.58公顷，总人口277人，保留61户，拟迁入户数18户。

13. 惠民街道社区分布图

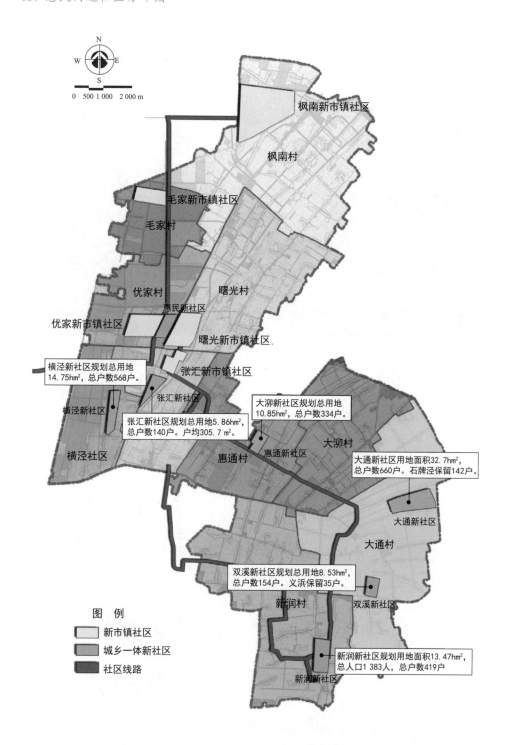

图例

- 新市镇社区
- 城乡一体新社区
- 社区线路

第二节　美丽乡村村落景观规划设计——榉贤坞

一、一期规划梳理

一直以来，洪合村屠家头以榉树成林而为外人熟知，在一期规划中，我们将屠家头、夏家头、王家头联系起来，规划取名为"榉贤坞"，而榉因契合古代"中举"之意，而融入了"举贤"这一美好的愿望。2016年下半年以来，为打造"举贤成林"的美丽乡村，洪合村精心谋划启动了"榉贤坞"规划，着力将屠家头与国界桥连片建成宜居宜游精品美丽乡村点。

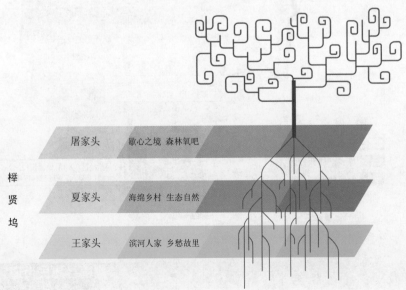

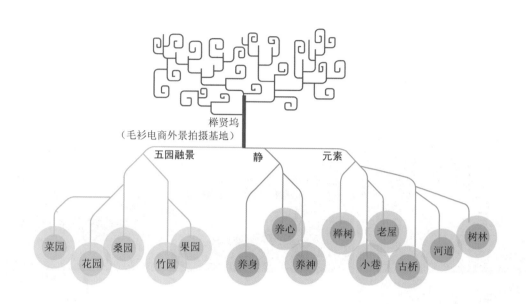

榉贤坞
（毛衫电商外景拍摄基地）

五园融景　　　静　　　元素

菜园　花园　桑园　竹园　果园　　养身　养心　养神　　榉树　小巷　老屋　古桥　河道　树林

二、二期规划意向

櫸贤坞二期规划通过对现场多次的实地考察，在二期规划中专门针对"优美庭院"、高差、水沟等一系列的问题进行规划改造。将櫸贤坞向美丽乡村迈进更深层次的一步。

三、二期规划总平面图

四、二期规划节点图

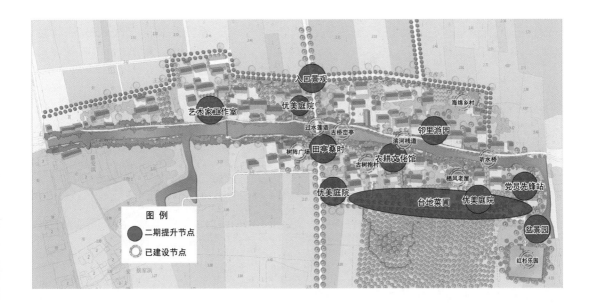

五、二期规划道路节点分析图

六、二期规划公共设施分析图

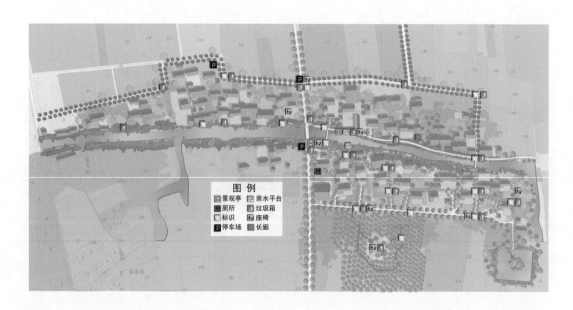

图 例
景观亭　　亲水平台
厕所　　　垃圾箱
标识　　　座椅
停车场　　长廊

七、局部节点

1. 绿道广场节点

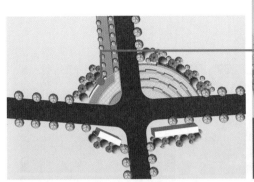

2. 优美庭院节点

优美庭院①

现状照片

改造后

改造前

优美庭院②

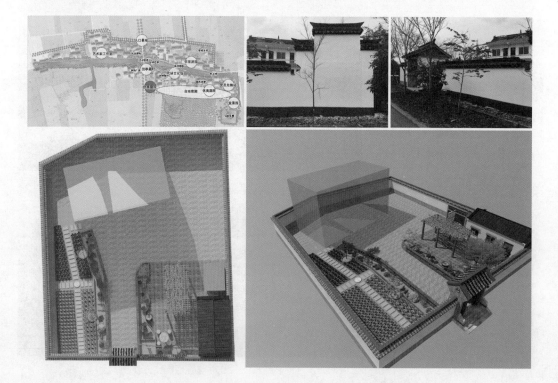

优美庭院③

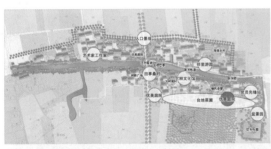

平面布置图

现状照片

平面图

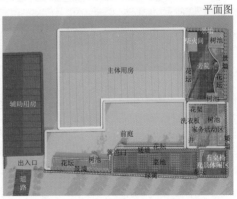

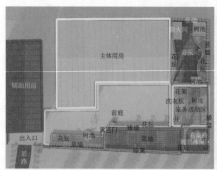

效果图

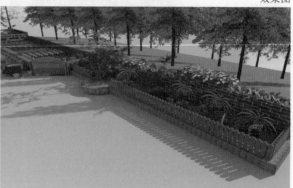

效果图

效果图

效果图

优美庭院④

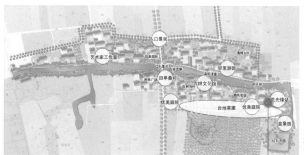

平面布置图

改造前

改造项目：优美庭院。

改造方式：现状道路状况良好，但是周边庭院杂乱，景观性差。设计用灌木将场地围合，梳理菜地，再搭配一些开花小乔木进行点缀。

改造后

3. 道路青石栏杆节点

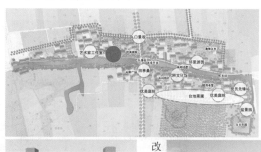

改造前

改造后

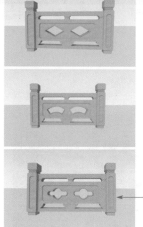

4. 生态停车位节点

5. 艺术家工作室立面改造意向

6. 艺术家工作室庭院改造意向

图例
① 花架
② 树阵广场
③ 门头
④ 汀步
⑤ 铺装地
⑥ 艺术家工作室
⑦ 休闲平台
⑧ 游步道
⑨ 菜园
⑩ 绿化

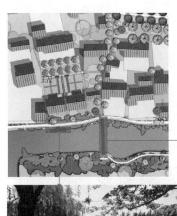

7. 亲水平台、栈桥设计

8. 优美庭院——门头改造

改造项目：门头改造。

改造方式：围墙刷白，压顶。增加中式门头。

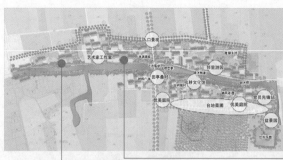

9. 邻里游园

平面布置图

改造前

改造项目：优美庭院。

改造方式：现状庭院用一些废弃砖瓦堆叠围合，改造用红砖砌的矮墙围合。增加花架，景观石凳椅等。

改造后

平面布置图

图例
1 优美庭院
2 铺装地
3 菜园
4 花架
5 矮墙
6 园路
7 休闲桌椅

效果图

现状照片

图例
1 优美庭院
2 铺装地
3 菜园
4 花架
5 矮墙
6 园路
7 休闲桌椅

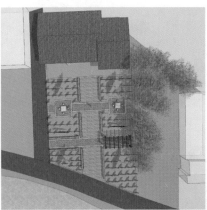

10. 树阵广场

11. 田亭桑时

现状场地高差大，在村道主路边，泥土裸露，杂草丛生，影响视觉效果。

图例
1 亭子
2 汀步
3 铺装地
4 花架
5 游步道
6 台地
7 停车位
8 树阵广场
9 矮墙

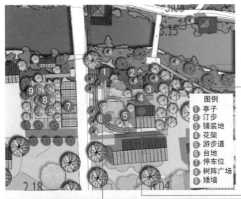

图例
① 亭子
② 汀步
③ 铺装地
④ 花架
⑤ 游步道
⑥ 台地
⑦ 停车位
⑧ 树阵广场
⑨ 矮墙

图例
① 亭子
② 汀步
③ 铺装地
④ 花架
⑤ 游步道
⑥ 台地
⑦ 停车位
⑧ 树阵广场
⑨ 矮墙

改造前

改造项目：高差改造。
改造方式：现状高差较大，
植物种植凌乱，规划将用
景石堆砌成阶梯式，中间
种植灌木。形成有序又美
观的阶梯式景观。

改造后

12. 农耕文化馆

13. 古榉树环境改造

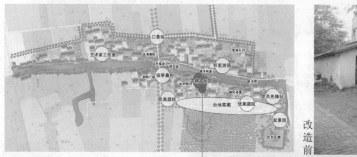

平面布置图

改造项目：古榉树环境改造。
改造方式：这里有一棵120
年的老古树。设计将古树用
条石坐凳围合。周边土地种
植植物草坪，成为一个景观
节点。

改造前

改造后

14. 排水沟节点

平面布置图

木板
侧挡
水泥盖板
素土夯实
木板
柱子
U形渠

平面布置图

改造前

改造后

意向图

15. 台地菜圃——高差改造

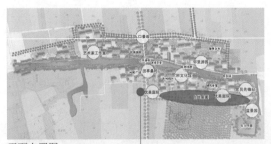

平面布置图

改造后

改造前

改造项目：高差改造。

改造方式：现状高差较大，植物种植凌乱，规划将用景石堆砌成阶梯式，中间种植灌木。形成有序又美观的阶梯式景观。

平面布置图

图例
1 绿道终点广场
2 景墙
3 机泵
4 亲水平台、亭
5 湿地
6 优美庭院
7 树阵广场
8 小游园
9 亲水平台
10 古榉树

改造前

改造项目：高差改造。

改造方式：现状高差较大，泥土裸露，且缺少与房屋沟通的道路，规划设计阶梯，周边用景石堆叠。

改造后

16. 党员先锋站及展示内容

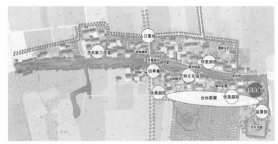

总平面图

改造前

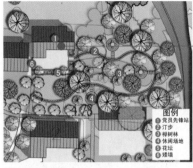

平面布置图

图例
①党员先锋站
②汀步
③榉树林
④休闲场地
⑤花坛
⑥矮墙

改造后

平面布置图

图例
①党员先锋站
②汀步
③榉树林
④休闲场地
⑤花坛
⑥矮墙

意向图

图例
1 党员先锋站
2 汀步
3 榉树林
4 休闲场地
5 花坛
6 矮墙

平面布置图

意向图

意向图

意向图

17. 盆景园

总平面图

意向图

平面布置图

图例
1 门头
2 游步道
3 铺装地
4 盆景园
5 矮墙
6 汀步
7 休闲平台
8 管理用房

18. 建筑立面改造

吴越文化纹样：

吴越国 玉蝴蝶

吴越国 玉牡丹

吴越国 凤凰纹玉梳背

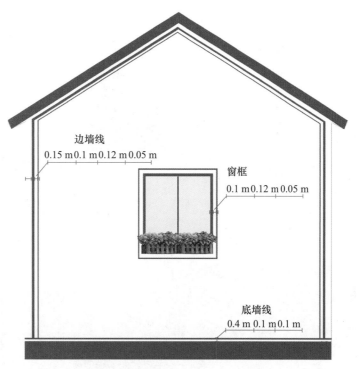

边墙线
0.15 m 0.1 m 0.12 m 0.05 m

窗框
0.1 m 0.12 m 0.05 m

底墙线
0.4 m 0.1 m 0.1 m

19. 路灯意向图

20. 路牌、标识意向图

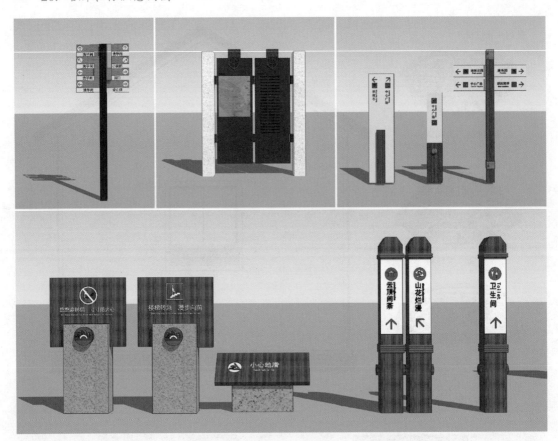

21. 雕塑意向图

八、植物配置

1. 植物配置意向——大乔木

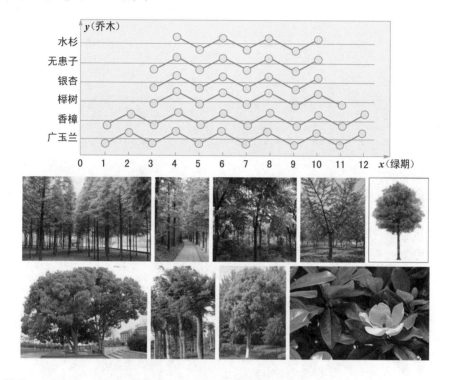

2. 植物配置意向——开花小乔木

3. 植物配置意向——果树

4. 植物配置意向——灌木

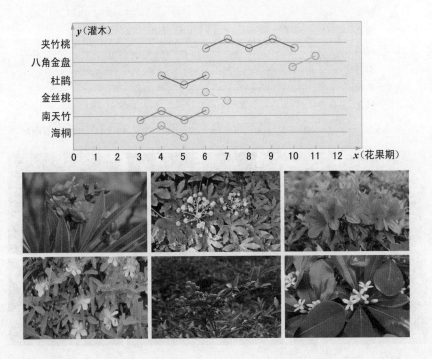

第三节　美丽乡村村落景观规划设计——菱珑湾

一、总体布局

规划形成"一心、一带、三片"的整体格局，整体形成"田拥村，村伴水"的田、水、村共融的总体布局。

一心：菱珑湾中间四面环水小岛规划设置景观塔可俯瞰菱珑湾整体风貌，成为整个菱珑湾的景观中心；

一带：以杏村浜、青龙港水系形成水系景观风貌带，主要通过河道整治、环境绿化、湿地生态保护、漫游绿道建设、景观设计营造等，打造一个环水休闲带，具有风景轴、生态轴、运动轴等多重功能；

三片：以自然村落为组团，形成大桥头、杏村浜、水北三个片区，主要通过乡道改建、村容村貌整治等项目，规划村庄公共地块，建设旅游服务设施，具有休闲、集散、接待、信息、管理、服务等多重功能。

菱珑湾结构布局图

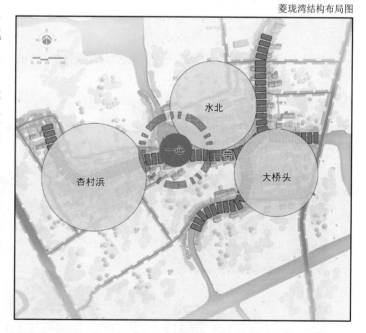

二、规划主题

浪漫菱珑　梦里水乡

人家水中在，小桥水上卧，行人桥上走，小舟桥下游，菱珑诗意画，水中梦江南

三、规划策略

通过对菱珑湾道路框架的梳理，重点规划通过巷道、水街、栈道打造一条可循环、串节点、有特色的水乡步道。

木栈道　　　　　　　　　　　　　　　　　　　　　　　　　　　巷 道

水 街　　　　　　　　　　　　　滨 水　　　　　　　　　　栈 桥

南京林业大学工程规划设计研究院 美丽乡村研究院 嘉兴美地规划设计有限公司

四、综合整治

对菱珑湾的综合整治以满足村落"经济要发展、村庄要美丽、设施要完善、村庄要和谐"的总体诉求为出发点，以特色较突出的大桥头、水北片区作为重点和亮点打造，进行生态河道及滨水空间改造、公共活动空间塑造、全方位最大化绿化种植、村民公共设施配套中心建设、特色旅游参观点和接待点打造等；杏村浜主要以拆违、立面粉刷美化、道路网络梳理、增加公共配套设施为主。3 个片区共同来实现打造"美丽乡村"的目标。

五、道路规划

贯彻以人为本的指导思想，以慢行交通为主导，构建"功能清晰、布局合理、服务便捷"，与村庄发展相适应、与生态环境相协调的绿色交通系统，促进美丽乡村的建设。

（一）总体要求

结合现状道路及村庄功能布局，形成各自独立又紧密联系的村庄道路系统。

（二）步行系统

在现状基础上，结合现有巷道、滨水步道，规划构筑可达性好、品质高的步行网络有机联系整个村庄的各个角落，提高休闲、旅游、健身品质。步行道路宽度控制在 1~2 m。

（三）车行系统

村落行车道为两个层次。

村庄主干道分布在村落南北两侧，与村落东西两侧镇级干道相通，规划路宽 5~7 m。南侧道路在原来基础上拓宽，北侧中间部分需要新建打通。

村庄次干道主要为达户同组道路，规划路宽 3~5 m，满足单向通车要求。

菱珑湾规划总平图

菱珑湾道路规划图

南京林业大学工程规划设计研究院 美丽乡村研究院 嘉兴美地规划设计有限公司

六、旅游策划

菱珑湾近年来大力发展湿地水产、湿地农业，为增加村民收入取得了显著的成效。为了更好地拓宽农民增收渠道，增强村级经济的"造血"功能，充分利用菱珑湾的人文和自然资源，借助油车港湿地新城、西千亩荡、栖真非遗小镇等旅游资源，规划建议菱珑湾大力发展旅游业，建设特色旅游村。

（一）发展思路

借助油车港、西千亩荡、栖真非遗小镇在浙江省内的知名度，结合生态示范体验、乡村休闲度假等旅游产品，面向嘉兴市乃至长三角地区的休闲教育、家庭自驾游市场、银发市场、学生市场等。

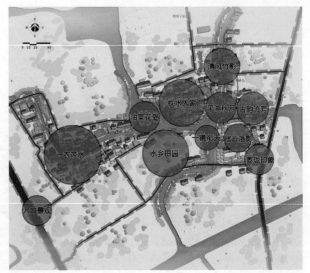

菱珑湾基节点分布图

（二）总体定位

规划将菱珑湾打造成为市级、省级的城乡统筹示范村、乡村旅游精品村。

根据目标定位和市场需求，主要发展以考察、教育、会议、观光、休闲以及度假六大功能相结合的旅游基地。充分利用菱珑湾现有丰富的政治资源、自然景观资源重点建设三大旅游基地：商务会议休闲基地、青少年夏令营活动基地、自驾骑游服务基地。

（三）主要游览设施

菱珑湾服务设施分布图

通过对村庄的整体风貌改造、耕地田园风光的观赏性强化、周边果园作物的季节性采摘体验组织，以及沿河生态亲水空间、巷道等特色空间的营造，农家乐、民宿等舒适接待设施的提供，吸引城市游客来休闲度假。除村庄内部的游览景点外，还应与村域及周边的其他旅游资源整合开发，如西千亩荡、栖真非遗小镇、麟湖新城等。

（四）游览系统

村庄内部形成步行游览网络，连接若干个旅游景点。从旅游接待中心出发，组织一条主要游览路线串联主要访问点、生态农业体验点、滨水景观点、古建参观、展馆教育、步行栈道等多个主要景观，形成集自然景观、人文景观、产业特色观光等于一体的丰富的游览路线

南京林业大学工程规划设计研究院 美丽乡村研究院 嘉兴美地规划设计有限公司

七、景观节点设计

（一）菱珑印象

从塘栖公路进入菱珑湾的主要入口，西侧为西千亩荡旅游服务中心，作为菱珑湾的第一印象，地位突出。

整体风格彰显江南水乡的底蕴，以白墙黑瓦为主色调，用一曲墙营造村口印象。用小青瓦堆砌营造水波，上置木船，突出水乡特色。后半部墙体开洞，后置景石，采用框景的手法寓意水乡的精致。

示意图

改造前

改造后

平面布置图

图例
① 标识景墙
② 植物营造
③ 游步道
④ 硬质铺装
⑤ 亲水平台
⑥ 树池
⑦ 庭院改造
⑧ 老宅改造

水泥

灵感：跳跃的水——灵动的曲墙

意向图

效果图

南京林业大学工程规划设计研究院 美丽乡村研究院 嘉兴美地规划设计有限公司

平面布置图

风貌整治

老宅违章拆除；

道路修缮翻新；

菜园梳理，植果树，用竹篱笆围护；

道路两侧植物营造。

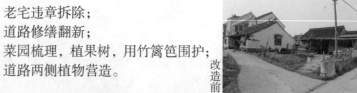

改造前

改造后

（二）古木落影

现状有两棵老树，姿态优美，此处又为浜底，朝西，可欣赏落日余晖。规划硬质铺装，老树用树池围护，硬质周围矮墙砌筑，规划为村民活动交流场地。

平面布置图

改造前

改造图

南京林业大学工程规划设计研究院 美丽乡村研究院 嘉兴美地规划设计有限公司

平面布置图

图例
① 标识景墙
② 植物营造
③ 游步道
④ 硬质铺装
⑤ 亲水平台
⑥ 树池
⑦ 庭院改造
⑧ 老宅改造

水泥

改造前

风貌整治

河边绿化用矮墙围护；
房前屋后植物营造。

改造前

改造前

改造后

改造后

风貌整治

道路两侧用矮墙围护；
房前屋后植物营造。

平面布置图

图例
① 标识景墙
② 植物营造
③ 游步道
④ 硬质铺装
⑤ 亲水平台
⑥ 树池
⑦ 庭院改造
⑧ 老宅改造

水泥

改造后

改造前

风貌整治

　　20世纪60~70年代
的生产用房，墙上的五
角星时代特征明显，规
划房屋改造成榨油机展
示馆，彰显"油车港"
镇名的来历。

　　老宅立面改造，增
加门头，五角星刷红色，
周围植物营造，增加开
花乔灌木。

南京林业大学工程规划设计研究院 美丽乡村研究院 嘉兴美地规划设计有限公司

通过写真图片、实物标本、大型沙盘、互动榨油体验等布展形式，全面展现了油菜的历史、功用、文化和产业发展等概貌。油菜展示馆建成后，对研究我国油菜发展，传承油菜文化，普及油菜科学知识起到了重要的作用。

（三）古韵流芳

围绕文保单位南湖大桥营造古朴的氛围，以古为新，通过对桥两侧立面、道路、绿化的处理，突出历史的记忆。

风貌整治

道路尽头规划传统马头墙，开门洞，做古桥的框景；

道路两侧围墙统一粉刷，增加传统水墨画，节点周围的门窗修缮，增加窗檐。

改造前

改造后

示意图

平面布置图

图例
① 游步道
② 巷道门楼
③ 南湖大桥
④ 文保标牌
⑤ 亲水平台
⑥ 巷道花架
⑦ 门楼改造

大桥头

南京林业大学工程规划设计研究院 美丽乡村研究院 嘉兴美地规划设计有限公司

平面布置图

效果图

现状

风貌整治

南湖大桥属文保单位，且现状较好，规划保护原貌；

文保的标识现状简陋，规划新建，用青砖贴面，上加木质顶，既美化又实用。

平面布置图

风貌整治

此路向东为西千亩荡游客接待中心，新建贯通十分必要，规划用渗水柏油铺面；道路两侧植物营造。

改造前

改造前

改造前

改造后

改造后

风貌整治

围墙立面改造，增加传统水墨画，营造水乡风韵；

滨水景观营造，岸边植物营造，乔木选择柳树与碧桃，桃红柳绿，

新建一处亲水平台，供休闲游憩。

南京林业大学工程规划设计研究院 美丽乡村研究院 嘉兴美地规划设计有限公司

风貌整治
　　规划把原有棚架改造成花架，种植花果蔬菜，营造巷道空间；
房屋立面处理，庭院梳理。

改造前

平面布置图

图例
① 游步道
② 巷道门楼
③ 南湖大桥
④ 文保标牌
⑤ 亲水平台
⑥ 巷道花架
⑦ 门楼改造

大桥头

改造前

改造后

改造后

风貌整治
　　巷道空间营造，新建门洞，立面处理，窗户增加窗檐；
　　巷道植物营造，不见裸露泥土。

风貌整治
　　现状有三改一拆遗留的砖块，乡土素材利用，规划成菜园矮墙；
　　菜园中种植果树，丰富绿化层次。

改造前

改造前

大桥头

图例
① 游步道
② 巷道门楼
③ 南湖大桥
④ 文保标牌
⑤ 亲水平台
⑥ 巷道花架
⑦ 门楼改造

平面布置图

改造后

改造后

风貌整治
　　围墙门头新建成传统中式门头；
　　边角绿化用砖建成花坛，种植绿化植物。

南京林业大学工程规划设计研究院 美丽乡村研究院 嘉兴美地规划设计有限公司

示意图

平面布置图

大桥

图例
① 栈桥
② 凝翠亭
③ 游步道
④ 巷道门楼
⑤ 木栈道
⑥ 巷道花架
⑦ 汇芳榭

改造前

（四）平湖秋月

此处湖面开阔，景观视野佳，三面环水，规划用凝翠亭统领整个景观，新建小品与景观设施供休憩游玩。

改造后

风貌整治

建筑立面改造，西侧围墙新建马头墙，作为整个景观的背景，墙上增加水墨画；

两侧用景观栈道相连，中间为硬质广场；

河道用水生植物营造，既美化环境又净化水质。

平面布置图

大桥

图例
① 栈桥
② 凝翠亭
③ 游步道
④ 巷道门楼
⑤ 木栈道
⑥ 巷道花架
⑦ 汇芳榭

改造前

风貌整治

此路作为房屋南面的步行道，规划用一曲墙营造空间感，作为步行道的起始点；

两侧立面用乡土元素点缀，营造乡土韵味。

改造后

南京林业大学工程规划设计研究院 美丽乡村研究院 嘉兴美地规划设计有限公司

平面布置图

大桥

图例
❶ 栈桥
❷ 凝翠亭
❸ 游步道
❹ 巷道门楼
❺ 木栈道
❻ 巷道花架
❼ 汇芳榭

改造后

改造前

风貌整治

江南水乡河浜众多，是水乡的一大特色，每个河浜都需重点营造，规划用亲水平台、景墙、半廊营造水榭景观，作为视线的中心；

两岸植物营造，增加开花乔灌木，岸线用水生植物软化。

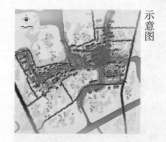

示意图

平面布置图

图例
❶ 游步道
❷ 亲水平台
❸ 迎辉亭
❹ 木栈道
❺ 仙弈廊
❻ 老宅改造
❼ 巷道门楼
❽ 落晖榭

改造前

（五）枕水人家

此处三面环水，风水佳，房屋排布井然有序，通过对道路、建筑、庭院的梳理，打造为枕水人家景观风貌区。

风貌整治：

此处面朝南湖大桥，是站在古桥向西的视觉中心，现状绿化较好，有一大香樟和一排水杉，规划原有植物保留，新建一亲水平台和景观亭，向南用木栈道贯通。

改造后

南京林业大学工程规划设计研究院 美丽乡村研究院 嘉兴美地规划设计有限公司

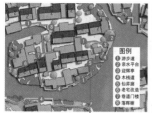

平面布置图

改造后

改造前

风貌整治

此处作为大桥头自然村落向北的视线片区，现状较杂乱，缺少植物掩映和视觉中心，规划新建一公共绿地，作为居民的公共活动场所；

东侧规划一处水车，突出水乡风韵；

加强植物营造，与水乡融为一体。

平面布置图

风貌整治

此处为老宅，现状保留较好，老宅占地面积大，西侧部分仍有人居住，环境卫生状况佳。规划把老宅东侧部分重新修缮，作为农耕博物馆，展示老的农耕用具、生活用品，复原生活场景，作为乡愁的载体。

现状

农耕博物馆

效果图

意向图

南京林业大学工程规划设计研究院 美丽乡村研究院 嘉兴美地规划设计有限公司

平面布置图

改造前

改造后

风貌整治

巷道空间营造，新建中式门洞，远侧转角植物营造，增加景石，形成框景。

示意图

（六）一镜衔天

此处为河流交汇口，湖面开阔，根据道路系统规划要求，建设栈桥贯通东西两侧。平静的湖面与天际融为一体，似一面水镜，上悬一拱形栈桥，别具风情。

平面布置图

改造前

改造后

风貌整治

新建一拱形栈桥，可过保洁船、游船；

东侧河岸新建一处公共活动空间，配硬质广场、长廊等设施，供休闲游憩；

河道两侧植物营造。

南京林业大学工程规划设计研究院 美丽乡村研究院 嘉兴美地规划设计有限公司

（七）邻水半廊

邻水半廊是江南水乡古镇最具特色的滨水空间形式，是邻水建筑与水的承接与过度，规划在菱珑湾新建几处邻水半廊。

平面布置图

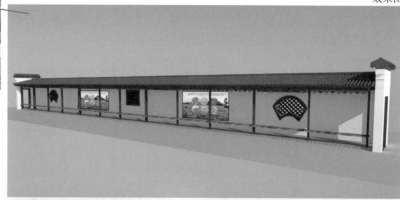

效果图

西塘水街

平面布置图

风貌整治

新建一硬质入口空间，中式景墙营造传统水乡韵味。

效果图

南京林业大学工程规划设计研究院 美丽乡村研究院 嘉兴美地规划设计有限公司

（八）油菜花岛

　　菱珑湾中间有一四面环水的小岛，规划成油菜花岛，不仅能体现"油车港"的历史，而且能彰显乡土特色。

　　风貌整治

　　油菜花岛由北侧栈道贯通，岛中间新建观景塔，可俯瞰整个菱珑湾全貌；岛上种植油菜花，岸边增加植物营造。

南京林业大学工程规划设计研究院 美丽乡村研究院 嘉兴美地规划设计有限公司

（九）清风竹影

前庭后竹是水乡格局的一大特色，此处为水北自然村落北侧的大片竹园，规划加强竹园、庭院、菜园等改造，提升居民生活环境质量。

风貌整治

现状在道路南侧部分有村民临时的停车位，没有硬质，风貌较差，规划从功能出发，新建一排停车位；

植物营造，竹园加强梳理，道路北侧种植开花乔灌木。

示意图

平面布置图

改造后

平面布置图

改造前

风貌整治

庭院改造，此处围墙很有地方特色，规划保留改造，增建中式门头，围墙压顶，墙面刷白；

菜园用矮墙围护，种植瓜果蔬菜。

改造前

改造后

南京林业大学工程规划设计研究院 美丽乡村研究院 嘉兴美地规划设计有限公司

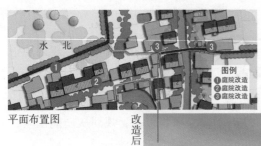

平面布置图

平面布置图

改造前

改造后

改造前

改造后

风貌整治

此处辅助房立面极具特色，规划保留现状，新建中式门头；

菜园用竹篱笆围护，蔬菜种植整齐划一，搭配果树。

风貌整治

围墙开中式漏窗，新建中式门头；

围墙与道路之间的绿地用矮墙围护，种植开花乔灌木，植物规划金桂和玉兰，寓意"金玉满堂"。

南京林业大学工程规划设计研究院 美丽乡村研究院 嘉兴美地规划设计有限公司

示意图

改造前

（十）一衣带水

杏村浜自然村落格局沿河呈带状分布，故为"一衣带水"，此区此次规划以"美化、绿化、亮化"为主。

改造前

改造后

改造后

风貌整治

建筑、围墙立面刷白、勾线，增加水墨画；

庭院梳理，菜园用竹篱笆围护，种植瓜果蔬菜，点缀乡土果树，营造绿化景观的层次性。

示意图

（十一）西入口景观

此路连接申嘉湖高速，是菱珑湾的西大门，规划新建一处景观标识，风格以现代中式为主。

改造前

灵感：水乡建筑演绎

改造后

第四节　农业园区规划设计

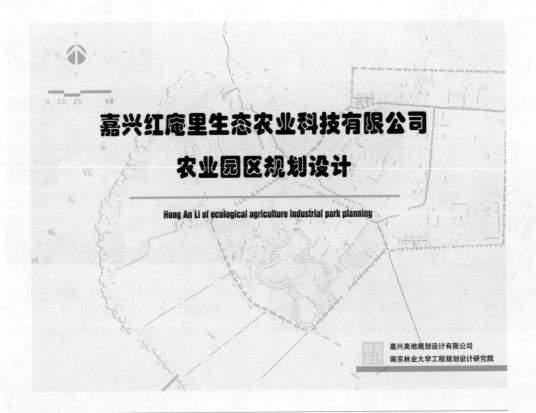

嘉兴红庵里生态农业科技有限公司

农业园区规划设计

Hong An Li of ecological agriculture industrial park planning

嘉兴美地规划设计有限公司
南京林业大学工程规划设计研究院

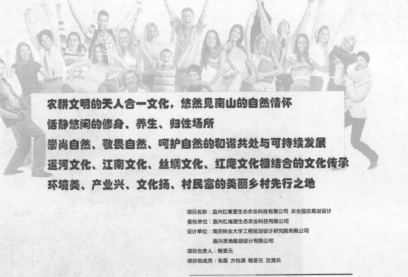

农耕文明的天人合一文化，悠然见南山的自然情怀
恬静悠闲的修身、养生、归性场所
崇尚自然、敬畏自然、呵护自然的和谐共处与可持续发展
运河文化、江南文化、丝绸文化、红庵文化相结合的文化传承
环境美、产业兴、文化扬、村民富的美丽乡村先行之地

项目名称：嘉兴红庵里生态农业科技有限公司 农业园区规划设计
委托单位：嘉兴红庵里生态农业科技有限公司
设计单位：南京林业大学工程规划设计研究院有限公司
　　　　　嘉兴美地规划设计有限公司
项目负责人：鲍亚元
项目组成员：张磊 方悦清 鲍亚元 沈贤兵

嘉兴红庵里生态农业科技有限公司 农业园区规划设计

Jia Xing Hong An Li Sheng Tai Nong Ye Ke Ji You Xian Gong Si Nong Ye Yuan Qu Gui Hui She Ji

一、项目解读与背景分析

（一）规划背景

1. 嘉兴市

嘉兴市秀洲区地处以上海为龙头的长三角大都市圈的中心位置，紧邻上海、杭州、苏州等大都市，境内有沪杭高铁，沪杭甬、乍嘉苏、申嘉湖三条高速公路，320国道、07省道、京杭大运河等，交通条件便捷，具有得天独厚的区位优势，发展都市型生态农业的国内外市场需求潜力巨大。

2. 秀洲区新塍镇

秀洲区新塍镇位于嘉兴市西北部，是一座历史悠久、具有江南水乡特色的千年古镇，也是嘉兴市卫星镇、秀洲区规模最大的中心城镇之一，拥有浙江省教育强镇、卫生镇、历史文化名镇、东海明珠文化镇、十大新兴花卉乡镇等称号。全镇区域面积133.1 km²，拥有耕地约7 867万 m²，其中水田约6 907万 m²，旱地约973万 m²。地处太湖流域水网平原，土壤肥沃，湖荡众多，农业资源条件好，生物资源丰富，气候条件适宜，现代种养业发达，具有发展生态农业的资源优势。

红庵里生态农业园区位于新塍镇的西北部的思古桥村，地处嘉兴最西北端，与江苏吴江的"服装酿酒苗木之乡"桃源镇隔河相望。

3. 秀洲区"十二五"发展规划

秀洲区"十二五"都市型农业发展规划提出要在"十二五"期间，大力发展生态农业、循环农业、低碳农业、休闲农业和农产品加工业、流通业等多功能农业生态经济，把秀洲区农业建设成为生态循环农业综合示范区、农业转型升级先行区、农民创新创业实验区、农产品质量安全放心区，促进现代农业第一、第二、第三产业融合发展的战略目标。同时，作为秀洲区规模最大的中心城镇之一，新塍镇结合市、区农业产业发展的统一部署和全镇农业农村发展的实际，提出了要紧紧围绕农业增收、农业增效、农村繁荣和农业升级四大任务，充分发挥新塍的优势，以生态环境建设为基础、以科技为支撑，将现代科技和传统的农业种植、加工贸易产业相结合，建成基础设施完善、环境质量优良、生态关系协调、功能布局合理、产业特色鲜明的优质安全保障性农产品生产基地、江南千年古镇农业文化传承中心、"三生"协调发展循环农业示范区和现代科技生态农业产业文化推广区。

4. 浙江华之毅时尚集团

华之毅时尚集团是专注于美丽事业的中国著名时尚女装品牌企业，旗下拥有包括EP雅莹、GRACE LAND雅斓名店等知名品牌。华之毅时尚集团致力于引领时尚、优雅的生活方式，传递平衡·爱·幸福的价值理念，缔造代表中国最美的高端时尚品牌集团，引领并推进中国时尚产业发展，为中国消费者带来高品质、时尚的生活方式。1988年张宝荣

先生成立了洛东红政服装厂，从洛东红政村开始创业，经历了两代人共同拼搏，一颗关于服装、关于美丽的梦想种子从萌芽到开花结果，华之毅走过了极其不平凡的"五五"跨越。

伟大事业的背后是情感！思古桥作为华之毅集团梦想起航的地方，凝聚了两代人的心愿和期望，见证了华之毅的美丽奇迹，集团对思古桥怀着深厚的感情。在积极参与思古桥村"五水共治"后，又决定成立嘉兴红庵里生态农业科技有限公司，投资建设红庵里生态农业园区，旨在以生态高效农业园区为载体，围绕"运河文化、江南文化、丝绸文化、红庵文化"，结合"衣、食、住、行、游"，着力打造一个"环境美、产业兴、文化扬、村民富"的美丽思古桥村。

为充分发挥思古桥村自身农业资源优势，实现农业、农村可持续发展和生态环境不断优化，结合秀洲区和新塍镇农业产业发展实际，在广泛深入开展规划的前期研究基础上，根据浙江华之毅时尚集团对农业投资的总体原则与要求，特编制《嘉兴红庵里生态农业科技有限公司农业园区规划设计》文本。

（二）规划依据

（1）《中共中央国务院关于加快发展现代农业进一步增强农村发展活力的若干意见》；

（2）《嘉兴市都市型农业发展规划》；

（3）《嘉兴市关于加快发展农业产业主导产业推进现代都市型生态农业建设的若干意见》；

（4）《嘉兴市秀洲区国民经济和社会发展第十二个五年发展规划纲要》；

（5）《秀洲区"十二五"都市型农业发展规划》；

（6）《秀洲区新塍镇现代农业产业规划（2013—2020年）》；

（7）浙江华之毅时尚集团《2014年关于嘉兴红庵里生态农业园区项目会议纪要》。

（三）规划总体要求

1. 总体要求

红庵里生态农业园遵循"政府引导、企业主体、市场运作、部门服务"、"特色立园、科技强园、产业兴园、机制活园、合力建园"的园区建设和发展思路，改善当地生态环境，提升城乡统筹建设新形象。

打造"生态、现代、水乡、田园、科普、宜居"及"生态农业、高效农业、都市农业、观光农业"的特色园区。

规划设计应有独特创意，突出生态园整体空间想象。

2. 规划要求

重点打造"示范引领、加工增值、科普教育、休闲观光、生态调节和康居示范"等功能，建设高起点、高标准、高品位的现代化生态高效农业示范园，并带动全市现代农业发

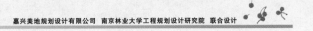

Jia Xing Hong An Li Sheng Tai Nong Ye Ke Ji You Xian Gong Si Nong Ye Yuan Qu Gui Hui She Ji 嘉兴红庵里生态农业科技有限公司 农业园区规划设计

展、新农村建设和农民收入水平提高。

3. 功能诉求

- 示范引领
- 加工配套
- 科普教育
- 休闲观光
- 生态调节
- 康居示范

（四）核心议题、项目重点

1. 发展定位

把"运河文化、江南文化、丝绸文化，红庵文化"与农业园区有机结合，弘扬传统文化、建设美丽乡村。

2. 功能定位

如何在园区内建立宜业、宜居、宜游的三大类、七大功能板块体系？

规划重点中不同功能板块之间的有效组织方式该如何呈现？

3. 近期关注焦点

整体定位：园区的功能、形象、品牌

交通布局、园区空间规划

园区特色塑造

康居示范建设

二、基地环境分析

（一）基地区位与范围

规划区在浙江的位置

思古桥村域为杭嘉湖平原水网的一部分，境内地势平坦，平均海拔 1.75 m，土壤层厚肥沃，质均细腻，以水稻土和潮土为主，肥力较高，适种性广，利于农业和林业的综合发展。气候温和湿润，雨量充沛，四季分明，光照充足，酷暑严寒期短，农业生产条件相当优越。年平均气温 15.5 ℃，年平均降雨量 1 180 mm，年平均降水天数为 140 d，全年以东南风为主导风，属于典型的亚热带季风性湿润气候。

思古桥村距嘉兴市中心约 30km，距江苏桐罗约 4 km。东南侧约 2 km 有上海—嘉兴—湖州的申嘉湖高速公路，西北侧约 1 km 有嘉兴—桐罗一级公路，分别通过通村道路与思古桥村相连，通村道路已水泥硬化。区域交通较为便利，地理环境较为优越。

规划区三面环水，西北侧以大运河为界，约 86 671 m²。

规划区在新塍镇的位置

（二）用地现状

综合

现状整体的开发量小，整体农田环境良好，但是缺乏整体规划，整体发展尚处在传统低效的农业生产及生活模式阶段。

水系

综合现状水系丰富，三面环水，基地外有京杭大运河，灌溉水源充足。经过多年建设，农田排灌渠系统较完善。从基地现状来看水系的污染较严重，生活污水直接排放到水渠中，生活垃圾随地堆放。

村庄

村庄沿水系呈线性布置，体现了传统农村乡土风貌，但村庄缺乏整体规划，零碎无序，建筑的形式比较破败，设施相对简陋。高压线下方的居民已经搬迁，很多房屋基本不住人。

田地

农田资源丰富，农田镶嵌在水网路网之间。基地内水田以水稻、油菜等粮油作物为主，旱田以瓜果蔬菜为主。农产品结构相对单一，种植方式也相对传统和低效。

嘉兴美地规划设计有限公司 南京林业大学工程规划设计研究院 联合设计

（三）园区现状

1. 交通的可达性差

可达性是不同地区护理值的重要衡量标准。园区三面环水，内部主要以东侧农村乡道为主，方向单一；道路宽度窄，且要通过居民区，可达性较差。因此，如何利用基地周边闲置的空地，实现基地内外交通的有效衔接，创造多样

化的交通组织方式，从而提高园区交通的可达性是本次规划的重点。

2. 生产环境低效

基地内现状农业产品结构的单一化、生产方式的相对低效、缺少特色及名优产品，农业生产的产销链条尚未被确立。如何实现研发、展示与高效生产、加工运输的产、教、研、售一体化将成为一个研究重点。

3. 公共功能的缺失

基地内村落缺乏整体规划，普遍存在的房屋破旧、居住拥挤、市政和公共设施短缺的问题。传统的乡村风貌和旅游资源未能进行挖掘。因此提供具有水乡特色的宜居、宜游的生活及体验空间，塑造园区整体的公共开放空间，修复和完善生态基础设施也是设计的重点。

基地内有一条 1 000 万 V 的高压线穿过，在一定程度上对园区的发展产生影响。

4. 缺少整体形象定位

由于缺少整体系统的设计和空间规划，园区的各类资源呈现单一、无序的组织方式。因此，本设计将通过合理有序的时空规划、生态设计、旅游规划等挖掘多元内涵，塑造其整体品牌形象。

三、规划策略与思考

（一）规划总则

1. 指导思想

以科学发展观为指导，贯彻党的"十八大"精神，围绕省市政府关于建设现代生态文明和美丽乡村的要求，以建设都市型现代生态农业为目标，遵循"优质、高效、生态、安全"的原则，秉承华之毅集团"专注，创新，用心成就未来"的创业理念，推进新塍红庵里生态农业园区建设。充分发挥思古桥村天然的地理环境优势，转产转型，发挥特色，发展无污染、无公害、绿色花卉苗木、优质水果、有机蔬菜，以不破坏环境为基础，走可持续发展的道路，传承历史文化，建设生态家园，成为城市人旅游、观光、生活空间转换的休闲场所、"生产、生活、生态"三生和谐发展的美丽乡村先行之地。

2. 规划原则

依据科学发展观和生态循环发展理念，按照"产业发展、规划先行、一次规划、分步实施"和坚持"以人为本、市场导向、质量安全、机制创新、因地制宜、可持续发展"的原则进行科学规划、有序发展，走一条体现红庵文化和华之毅创业理念的现代生态农业发展道路，实现思古桥社会经济健康、和谐和可持续发展。

（1）统筹规划、分步实施原则

与新塍镇现代农业产业发展规划、城乡一体化规划相协调，并与土地流转周期相衔接，按照功能分区发展特色现代农业产业，提出分步实施时序，做到十年一次规划，分期实施，滚动开发。

（2）因地制宜、突出重点原则

园区规划布局根据有关园区的要求和特点，并综合考虑各地块的自然条件、区位优势和新塍特色优势产业基础等，因地制宜，综合安排各产业区。按照区域的功能特点和分布情况，形成特色鲜明的产业园。

（3）注重效益、统筹兼顾原则

以农业发展、农民收入增长为核心，注重保护和开发相结合，合理利用土地资源，切实保护耕地，坚持绿色环保意识，积极发展高效生态农业，重视生态环境保护，实现经济效益、社会效益和生态效益的有机统一。构建与农民风险共担、利益均沾的利益联结机制，使农民分享到园区发展利益。

（4）拓展产业、协调发展原则

大力发展花卉苗木、精品特色水果、有机果蔬和休闲观光农业等高效生态农业，依托本区现有农业产业、农耕文化、红庵文化、运河文化和区位优势，努力拓展农业功能，着力开拓示范区在"衣、食、住、行、游"五个方面新发展，拓展示范区的第二产、第三产，实现集团的第一、第二、第三产业联动发展。

（5）生态循环、质量安全原则

大力发展生态环保型农业产业，建立和完善农产品加工标准体系，建立"从农田到餐桌"全程质量控制体系。严格执行农产品（食品）卫生标准，大力发展无公害、绿色食品和有机食品，确保农产品生态安全。

（二）功能布局策略

中心组团领航、环片圈层发展，点、面结合的复合开发态势。

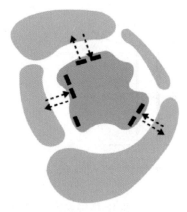 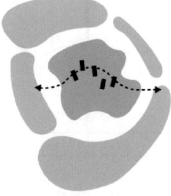 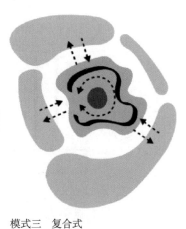

模式一　外向式	模式二　内聚式	模式三　复合式
各个功能区域内发散型整体布局	各个功能区域内向型形成较为独立的功能岛	复合式将改变现状因过于均质化的布局而导致的功能无序，从而使各组团片区有序串联。点面复合的开发态势有利促进相对独立的功能组团相互有机渗透，最大程度发挥组团的功效。
优势：整体协调性较强	优势：组团感强，独立区域	
劣势：独立效能无法最大化发挥	劣势：区域间联系性较低	

（三）产业引导策略

1. 打造绿色科技生态农业

通过对水系和土壤的修复，实现生态农业与经济农业统一共荣。营造一个产业结构多元、循环自助共生的生态农林系统，以取得最大的生态经济整体效益。

真有机，为健康。
我们勇往直前！

2. 挖掘复合、多元农业发展实力

园区调整原有低效、单一的生产模式，以复合、多元模式挖掘生产力，提高农展技术亮点。引领这座生态示范型农业旅游基地成为农业生产技术的时代标杆。

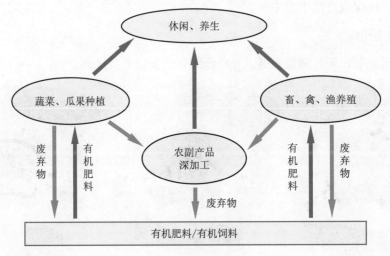

3. 培育精致农业品牌

开发一批有竞争力的旅游产品，注重旅游特色产品的培育包装。深化嘉兴农产市场推动力，扩大园区品牌农产示范渗透，发挥嘉兴这座"鱼米之乡"的巨大优势与潜力。

Jia Xing Hong An Li Sheng Tai Nong Ye Ke Ji You Xian Gong Si Nong Ye Yuan Qu Gui Hui She Ji 　嘉兴红庵里生态农业科技有限公司 农业园区规划设计

（四）生态保育策略

1. 水系净化系统

利用现状丰富水系，依据水系净化的流程，以多水塘生态湿地净化器、梯池过滤溶氧等手法，协同完成自然渗透、综合净化、水质稳定的三大净化环节。

自然渗透

水中的漂浮物、颗粒物等杂质将受到阻拦而被过滤。

综合净化

进一步通过自然吸收、转换去除水中有害微物质，对水质进行全面净化。

水质稳定

通过增氧等维护措施，从而保持净化后的水质不再受到再生污染。

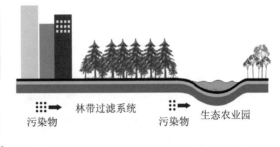

2. 修复涵养、塑造可持续的景观生态格局

丰富生态要素，修复生态涵养，重拾因长期缺乏生态导向的生活生产而造成的斑块割裂，塑造一个可持续的景观生态格局。

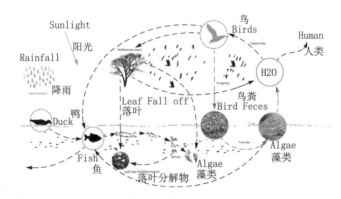

3. 绿色生产，引入多样化的农业生产模式

绿色生产将有效抑制因农业生产对修复后的生态环境所造成的二次污染。引入多样化的农业生产模式，确保全园在各类农产过程中都得到普遍应用。

（五）交通疏导策略

1.健全功能片区的交通一体化

针对全园建设后需满足合理的生产、旅游等主要功能，健全全园一体化交通。促进功能片区的紧密联系，强化区域流通性。

2.打造宜产、宜居、宜游的立体化交通

结合园区的生产、居住、旅游三大基本功能需求，打造一个宜产、宜居、宜游的立体化、相互联系又相互独立的复合型交通体系，便于交通线路的组织与各项功能的有序开展。

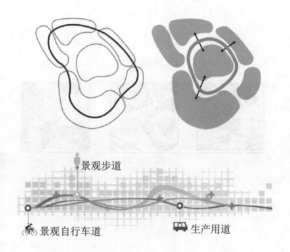

景观步道

景观自行车道　　　　生产用道

（六）景观营造策略

1.源于乡土文化，融入休闲时代的新田园生活

景观肌理在尊重现状地纹的基础上寻求突破，将现有平实的传统农业大地肌理解构重组，塑造一个突破而不失传统、灵动而不失厚重的城市农业景观新读本，积极展示嘉兴当地浓郁的以农业特色为主导的乡土文化。

林　　　＋　　　田　　　＋　　　塘　　　＋　　　水　　　▶　　　林田镶嵌 汇水聚核

2.四季景观，满足不同时间片段的观光游览

园区为了满足不同季节的观光游览，因顺应大自然从不同时间片段以合理植栽等手段，完整地诠释农耕周期作息，做到四季有景、四季有花。

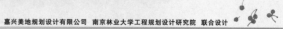

嘉兴美地规划设计有限公司 南京林业大学工程规划设计研究院 联合设计

四、专题研究

（一）高效农业生态园专题研究

1. 高效生态农业的定义

高效生态农业是指在生态经济学原理的指导下，合理吸收传统农业精华和充分利用现代农业科技成果，以获得经济发展与资源、环境之间的协调相处，进而取得可持续发展的现代化农业。

2. 高效生态农业的发展模式

发展模式	特色
经济高效型	优势农业为主导产业、农业集约经营、形成产业链
产品安全型	以绿色消费为向导，大力发展优质安全的农产品
资源节约型	注重农业资源的节约使用、循环利用、综合开发
环境友好型	人与自然和谐发展
技术密集型	提高农业的科技含量、科技贡献率
凸显人力资源优势型	进行精耕细作、提高劳动者科技水平、发展劳动密集型与技术密集型相结合的特色优势产业

3. 高效生态农业案例分析

案例：浙江高科技农业示范园区（高技高效）。

地点：杭州钱江二桥东侧。

规模：占地333.33 hm²，总投资5亿元。

简介：园区以优质种子种苗工程为重点开发项目，集生产、科技、加工、培训、示范、观光、休闲、度假为一体，逐步建成综合性、多功能、国内一流、国际有竞争力的现代农业高科技示范园区，为全省及全国提供现代化农业示范样板。园区拥有3 000多m²的国内一流的组培大楼，年产3 000万株组培苗的生产能力；2 hm²从法国RICHEL公司引进的国际一流的智能化育苗温室，年产1亿株穴盘苗的生产能力。同时公司还拥有1 hm²从荷兰BRINKMAN引进的智能化玻璃温室，2 000 m²的实验温室，135 hm²的连栋温室和数百栋单栋温室。

特点：投资大。

引进国际先进农业设施设备及技术；多种功能相结合。

借鉴及思考：农业产业化及生产集约化，在技术上体现了高效。

该类高科技农业开发园区投资巨大，室外空间景观弱，地域特色未突出。

生态环境的可持续发展。

4. 基地策略

（1）引入先进农业育种技术

引入杂交水稻、太空育种等先进育种技术，提高当地粮食作物产量。

开辟农业试验田及建设农业技术研究机构，研发新型育种技术。

（2）发展现代农业灌溉技术

主要包括喷灌、滴灌、渗灌、微灌等技术。根据具体种植情况，寻求水分养分高效利用的最佳组合模型，建立节水高效型灌溉种植模式。

（3）提高园区智能化水平

将无线传感器网络技术、现代通信技术、智能控制技术、计算机视觉技术和空间技术等运用于农业园区内，使农业园区建设朝自动化、智能化、网络化方向发展。

（4）示范性引进温室大棚技术

从实际情况出发，示范性地引入适合当地气候特点的温室大棚，例如建设温室大棚示范园、温室大棚科教园等，当技术条件成熟后再在园区内推广运用。

嘉兴美地规划设计有限公司 南京林业大学工程规划设计研究院 联合设计

（二）休闲观光农业专题研究

1.休闲观光农业定义

休闲观光农业是指一种在生产性的农庄上经营的观光旅游业，观光活动对于农业生产及其周边活动具有增补作用，游客不仅可观光、采果、体验农作、了解农民生活、享受乡土情趣，而且可住宿、度假、游乐。

根据德国、法国、日本、荷兰等国和我国台湾省的实践，其中规模较大的主要有五种：观光农业、农业公园、教育农园、森林公园、民俗观光村。

2.休闲观光农业运作模式

国外休闲农业发展模式

发展模式	典型代表
政府扶持型	日本绿色观光农业
产业协同型	澳大利亚葡萄酒旅游
生活生态型	德国市民农园
科技依托型	新加坡农业科技园
民俗节庆型	美国农业节庆旅游
居民参与型	印度尼西亚农业旅游度假村

中国休闲农业发展模式

发展模式	主要特色	主要类型
连片开发模式	以政府投入为主建设基础设施，带动农民集中连片开发现代观光农业	休闲度假村、休闲农庄、乡村酒店
"农家乐"模式		农业观光、民俗文化、民居型农家乐
农民与市民合作模式	农民建立休闲农业园，以"认种"或其他方式让城市居民参与	"市民农园"
产业带动模式	以特色农产品吸引消费者，拉动产业	
村镇旅游模式	以古村镇宅院建筑和新农村格局为旅游吸引物，开发观光旅游	占民居和占宅院型、民族村寨型、占建筑型、新农村风貌型

续表

发展模式	主要特色	主要类型
观光农园模式	园区兼有休闲和观光等多项功能	田园农业型、园林观光型、农业科技型、务农体验型
科普农园模式	以科普教育为主	农业科技教育基地、观光休闲教育、少儿教育农业基地、农业博览会
民俗风情旅游模式	以农村风土人情、民俗文化为旅游吸引物	农耕文化型、民俗文化型、乡土文化型、民族文化型

3.休闲观光农业案例

案例一：中山休闲农业区（台湾）。

简介：于2001年获准成立，位于宜兰县冬山乡，中山休闲农业区面积806 hm²，园区内以种植茶树及果树为主，生产茶叶及文旦柚，多数的山坡地为保护林地，是宜兰县境内最好的生态旅游场所。

模式定位：产业带动模式。

主要特色：以休闲农场、观光果园、乡土餐饮、乡村住宿及茶园体验为主体。

农特产品（面积高达200 hm²）。

历史古迹：三清宫。

特色文化活动：风筝节、农产业文化活动等，专属于中山休闲农业区内的风味。

借鉴：①产业规模大；②特色农产品。

案例二：成都——三圣花乡

简介：位于四川成都市锦江区三圣街道办事处，总面积达 1 000 hm²，涉及五个村，是全国建设社会主义新农村的典范。是一个以观光休闲农业和乡村旅游为主题，集休闲度假、观光旅游、餐饮娱乐、商务会议等于一体的城市近郊生态休闲度假胜地。

模式定位：观光农园模式特色。

四季主题景区：

- 春有"花乡农居"百花争艳
- 夏有"荷塘月色"绰约风韵
- 秋有"东篱菊园"含蕊迎霜
- 冬有"幸福梅林"傲雪吐芳

农耕文化为主题："江家菜地"景区。

借鉴：①乡村文化，注重体验回归田园。②富有特色的主题园区。③注重品牌效应。

4. 基地策略

特色林果观光采摘
花卉苗木观光
特色畜牧养殖观光
特色水产养殖观光

高效农业示范园
市民公园
科普教育农园
会议考察
培训基地

资源依赖型产业观光 → 特色产业展示观光 → 乡村民俗文化旅游 → 现代产业综合示范园

农业资源观光
旅游资源观光
生态资源观光

"农家乐"民俗旅游
民俗文化村

五、总体规划

（一）规划主题

农耕文明的天人合一文化，悠然见南山的自然情怀
恬静悠闲的修身、养生、归性场所
崇尚自然、敬畏自然、呵护自然的和谐共处与可持续发展
运河文化、江南文化、农耕文化、红庵文化相结合的美丽乡村

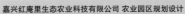

嘉兴红庵里生态农业科技有限公司 农业园区规划设计

（二）功能结构规划

一环、一核、两片

一环：林带是整个园区西北方向的绿色屏障，从边界道路空间特性出发，构建绿色慢道游憩系统，结合设计的彩叶林与原有的香樟堤坝，创造自然静谧，多彩的生态界面。

一核：入口片区与蓄水池景观片区，位于园区的中心地带，是园区向外辐射的中心。通过引入人工湿地系统，是整个园区的给水来源，结合景观造景，体现园区自然、健康的核心价值。

两片：林果培育片；生态景观林片将生产与游憩体验完全融为一体。

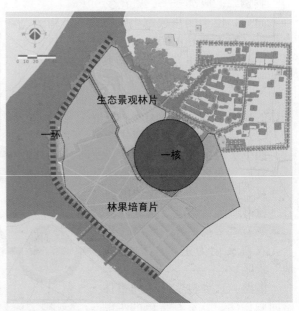

（三）总平图

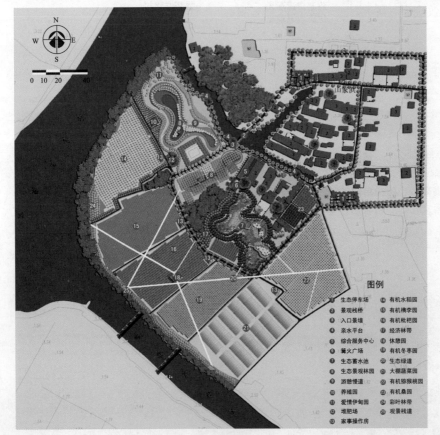

图例

❶ 生态停车场	❷ 景观栈桥	❸ 入口景墙	❹ 亲水平台

① 生态停车场　⑬ 有机水稻园
② 景观栈桥　　⑭ 有机橡李园
③ 入口景墙　　⑮ 有机枇杷园
④ 亲水平台　　⑯ 经济林带
⑤ 综合服务中心　⑰ 休憩园
⑥ 篝火广场　　⑱ 有机冬枣园
⑦ 生态蓄水池　⑲ 生态绿道
⑧ 生态景观林园　⑳ 大棚蔬菜园
⑨ 游憩慢道　　㉑ 有机猕猴桃园
⑩ 养殖园　　　㉒ 有机桑园
⑪ 爱情伊甸园　㉓ 彩叶林带
⑫ 堆肥场　　　㉔ 观景栈道
⑬ 家事操作房

嘉兴美地规划设计有限公司 南京林业大学工程规划设计研究院 联合设计

（四）道路交通系统规划

1. 外部交通

城市道路联通基地园区的主要道路。

2. 外环交通

园区边缘承载园区游览、物流等功能的道路。

3. 内环交通

承载入口区域和各片区的交通量，是串联各片区的主要游览干道。

整个交通的组织上以传统的园路设计为背景，增加了核心特色游览道和生态游览步道，引导人的观光和游览。而生态游览步道则深入河池林田，带领人们与自然拥抱，领略农耕文化的独特风情。

图例
- 规划主路（宽5 m，长1015 m）
- 村庄主路（宽3 m，长626 m）
- 机耕路（宽3 m，长894 m）
- 游步道（宽1 m，长1309 m）
- 生态通道（宽1 m，长669 m）
  （宽1.5 m，长146 m）
- 木栈道（宽1 m，长554 m）
- P 停车场（800 m²）
- 入口

（五）水系统规划

1. 空间特征

运河 + 内河 + 蓄水池 + 沟渠（滴灌）

2. 水系梳理

运河、内河的水源是现有灌溉的主要水源，由于嘉兴地区的水污染较严重，水质已达不到绿色、有机的标准。规划将外围的河水作为备用水源，不直接引入园区。

基地中心营造核心蓄水池，作为园区主要水源。收集天然雨水，通过水体的层层净化，达到绿色水源标准，通过滴灌系统和沟渠灌溉农田。中心水域形成开放、自然环境良好的空间。

沟渠、滴灌作为向各片区的运输水的通道，根据各种植片区植物特性设计。

图例
- 水渠（1 240 m）
- 滴灌管网
- 蓄水池（2 750 m²）
- 滴灌泵房
- 排水泵房
- 原有机埠

（六）景观系统规划

1.景观结构

"一核，一带，两心，多节点"

2.景观核心

以中心蓄水池为主要的景观核心，用于展示和交流。

一带

以堤坝景观和人工彩叶林为主的景观风情带，是园区的绿色生态慢道。

两片

乡土果树种植片区、生态景观林片区，是园区主要的斑块特色和形象产业链。

多节点

园区内主要的休憩场所，营造一个可游、可玩、可憩的生态农业园。

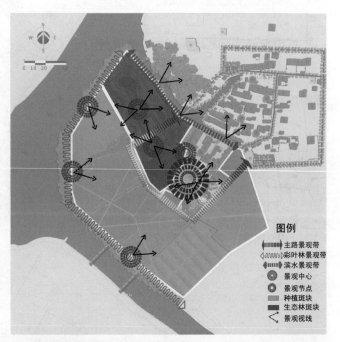

（七）基础设施规划

综合服务点：1处。

餐厅：1处。

厕所：2处。

景观座椅：17处。

垃圾箱：18处。

景观平台：7处。

景观亭：3处。

停车场：2处。

嘉兴美地规划设计有限公司 南京林业大学工程规划设计研究院 联合设计

（八）旅游系统规划

旅游发展定位：观光＋度假＋体验。

· 养心慢活生态绿园
· 重塑田园风光
· 体验农家生活
· 引领高效农业

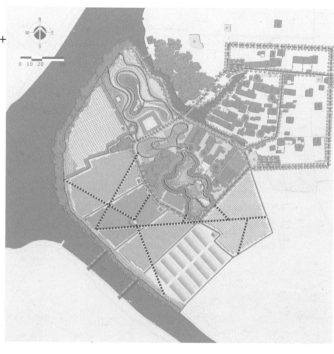

六、专项设计

（一）道路系统规划

1. 主交通

包括园区外新规划两条和园区内新规划一条，都为新建，路面宽5 m，共规划1 015 m。

2. 外环交通

包括原进园区的村庄主路和园区东侧沿河的村庄主路，在原来的基础上翻建，宽3 m，共规划626 m。

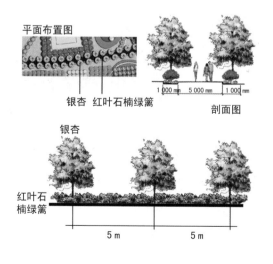

平面布置图

银杏　红叶石楠绿篱

剖面图

银杏

红叶石楠绿篱

5 m　5 m

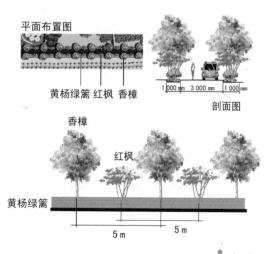

平面布置图

黄杨绿篱 红枫 香樟

剖面图

香樟

红枫

黄杨绿篱

5 m　5 m

嘉兴美地规划设计有限公司 南京林业大学工程规划设计研究院 联合设计

3. 生态通道

架空生态通道的设计，保护原有的生态基质，使各生态斑块相互联系，维护当地生态平衡。

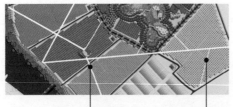

三块五孔预制板，设计宽为1.5m，供游览观光，水果采摘，也可供小型农用车使用。

两块五孔预制板，设计宽为1m，供游览观光，水果采摘。

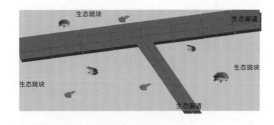

4. 生态停车场

生态停车场作为车辆集散场所，是道路系统中的一个重要环节。

在园区外围规划两处生态停车场，除农业生产用车外，尽量控制外来车辆直接进入园区，减少对园区内的污染。生态停车场共规划800 m²，可同时停放60辆车。

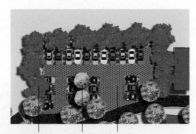

珊瑚树　香樟树　植草砖

嘉兴美地规划设计有限公司　南京林业大学工程规划设计研究院　联合设计

（二）水系统规划

1. 蓄水池

蓄水池共占地2 733.5 m²。

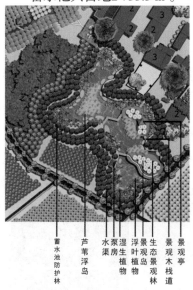

蓄水池防护林　芦苇浮岛　水渠　水泵房　湿生植物　浮叶植物　生态景观林　景观木栈道　景观亭

蓄水池整体分为三个池，池与池之间有人工坝阻隔，从北向南依次跌落，池中布置生态湿地植物，达到净水目的。第三级规划泵房，通过水渠和滴灌管网到达各种植区块。

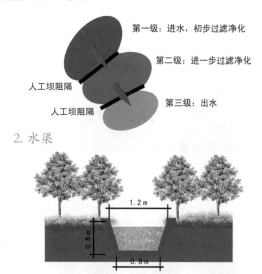

第一级：进水，初步过滤净化

第二级：进一步过滤净化

人工坝阻隔

人工坝阻隔

第三级：出水

2. 水渠

（三）产业园设计

1. 猕猴桃

规划区种植8 600.4 m²猕猴桃。

生长习性：喜阴凉湿润环境，怕旱、涝、风。耐寒，不耐早春晚霜，猕猴桃园选在背风向阳山坡或空地，土壤疏松、排水良好、有机质含量高、pH在5.5～6.5微酸性沙质壤土。

建议栽植方法：密度：行距3 m。株距3 m。种植：施足基肥（有机肥，每株50 kg，分层施入）。

地下水位：一般控制在70 cm以上。

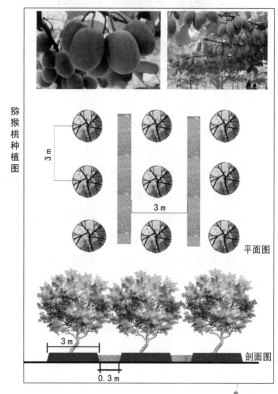

猕猴桃种植图

平面图

剖面图

嘉兴美地规划设计有限公司　南京林业大学工程规划设计研究院　联合设计

2. 桑树

（1）桑葚树

规划区种植726.7 m²桑葚树。

生长习性：桑葚喜温暖湿润气候，稍耐阴。气温12℃以上开始萌芽，生长适宜温度4~30℃，超过40℃则受到抑制，降到12℃以下，则停止生长。

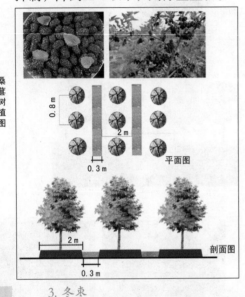

桑葚树植图

0.8 m　2 m　0.3 m　平面图

2 m　0.3 m　剖面图

3. 冬枣

规划区种植5 936 m²冬枣。

生长习性：喜光，适应性强，喜干冷气候，也耐湿热，对土壤要求不严，耐干旱瘠薄，也耐低湿。

生长于海拔1 700 m以下的山区、丘陵或平原。枣树长着小刺，4月里长叶，5月开白带青的花，各处都有栽种。

建议栽植方法：密度：行距2.5 m，株距1.5 m。种植：施足基肥（有机肥，每株50 kg，分层施入）

地下水位：一般控制在70 cm以上。

建议栽植方法：密度：行距2 m，株距0.8 m。种植：施足基肥（有机肥，每株50 kg，分层施入）。

地下水位：一般控制在70 cm以上。

（2）桑叶树

规划区种植733.7 m²桑叶树。

生长习性：喜光，幼时稍耐阴。喜温暖湿润气候，耐寒。耐干旱，耐水湿能力极强。对土壤的适应性强，耐瘠薄和轻碱性，喜土层深厚、湿润、肥沃土壤。根系发达，抗风力强，萌芽力强，耐修剪。

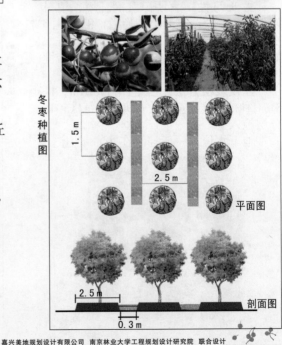

冬枣种植图

1.5 m　2.5 m　平面图

2.5 m　0.3 m　剖面图

4. 枇杷

规划区种植7 933.7 m²枇杷。

生长习性：喜光，稍耐阴，喜温暖气候和肥水湿润、排水良好的土壤，稍耐寒，不耐严寒，生长缓慢，平均温度12～15℃，冬季不低于-5℃，花期，幼果期不低于0℃的地区，都能生长良好。

建议栽植方法：密度：行距4 m，株距3.5 m。种植：施足基肥（有机肥，每株50 kg，分层施入）。

地下水位：一般控制在80 cm以上。

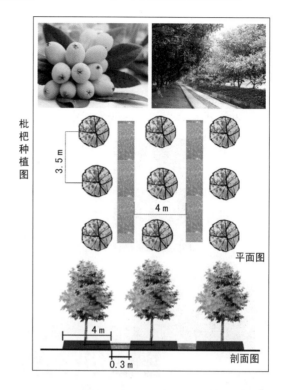

枇杷种植图
平面图
剖面图

5. 橋李

规划区种植8 000.4 m²橋李。

生长习性：对气候的适应性强，对土壤只要土层较深，有一定的肥力，不论何种土质都可以栽种。对空气和土壤湿度要求较高，极不耐积水，果园排水不良，常致使烂根，生长不良或易发生各种病害。宜选择土质疏松、土壤透气和排水良好，土层深和地下水位较低的地方建园。

建议栽植方法：密度：行距4.5 m，株距3.5 m。种植：施足基肥（有机肥，每株50 kg，分层施入）。

地下水位：一般控制在70 cm以上。

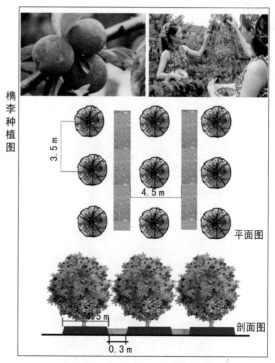

橋李种植图
平面图
剖面图

6. 有机水稻

规划区种植6 870 m²有机水稻。

生态保育

四周规划乡土树种带，减少农药、尘埃等污染源对水稻田的污染。

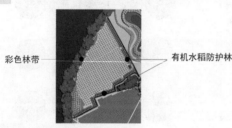

彩色林带　　　有机水稻防护林

7. 大棚蔬菜

规划区大棚蔬菜共种植9 871.6 m²。
本案规划根据实际情况建议采用单个尺寸36 m×8 m。规划区共可安置28个连体大棚。开间 4.0 m，共9个开间，屋面倾斜角21°。

连体蔬菜温室大棚结构草图

44 m
4.4 m
2.8 m
8 m　8 m　8 m
24 m

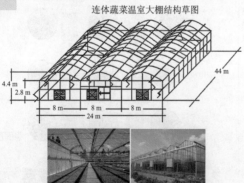

实施建议

鱼稻共生系统：稻鱼共生系统通过"鱼食昆虫杂草—鱼粪肥田"的方式，使系统自身维持正常循环，不需使用化肥农药，保证了农田的生态平衡。另外，稻鱼共生可以增强土壤肥力，减少化肥使用量，并实现系统内部废弃物"资源化"，起到保肥和增肥的作用。

田面种稻，水体养鱼，鱼粪肥田，鱼稻共生，，鱼粮共存。符合资源节约、环境友好、循环高效的农业经济发展要求。

30cm　水位线
50cm

实施建议

休闲型大棚温室：休闲类型的温室是将休闲场馆与温室技术相结合而形成的一种新型模式，以高端温室技术为主要结合点模拟大自然生态，随时提供舒适、优雅的自然生态景观氛围，富有田园的景观文化，集生态观光与休闲等功能于一体，包括温室洗浴、庭院温室、养生温室、温室会所等。

大棚观光

大棚采摘

大棚餐饮

嘉兴美地规划设计有限公司　南京林业大学工程规划设计研究院　联合设计

8.生态景观林

规划区种植生态景观林13 873.6 m²。

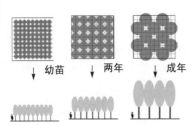

幼苗 → 两年 → 成年

实施意见

 方案一　 方案二

弧形年轮微地形　　　不规则四边形微地形

 方案三　 方案四

规则阵列形微地形　　　弧形阵列形微地形

随着景观林逐年的生长，需要进行疏伐，增加林内的通透性。

9.养殖场设计

养殖场共占地1 400 m²，其中桑园面积1 100 m²，建筑面积300 m²。

采用传统四合院的建筑形式，就地取材，主题为砖混结构，两侧为竹茅结构。

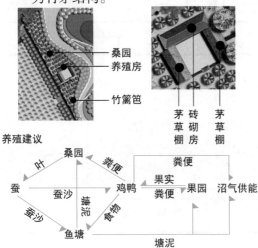

桑园
养殖房
竹篱笆

茅草棚　砖砌房　茅草棚

养殖建议

叶 — 桑园 — 粪便 — 鸡鸭 — 粪便 — 果园
蚕 — 蚕沙 — 塘泥 — 食物 — 果实 — 沼气供能
蚕沙 — 鱼塘 — 塘泥

（四）景观节点

1. 中心广场（篝火广场）

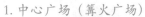

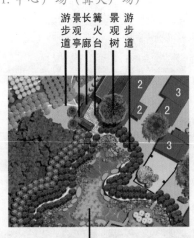

蓄水池

2. 入口形象

直线：庄重、大气

方案一

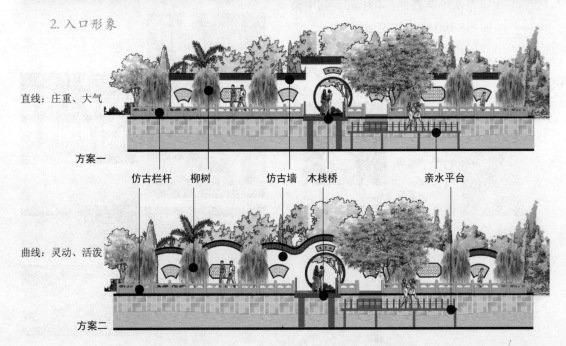

仿古栏杆　柳树　　　仿古墙　木栈桥　　　　亲水平台

曲线：灵动、活泼

方案二

嘉兴美地规划设计有限公司 南京林业大学工程规划设计研究院 联合设计

Jia Xing Hong An Li Sheng Tai Nong Ye Ji You Xian Gong Si Nong Ye Yuan Qu Gui Hui She Ji　嘉兴红庵里生态农业科技有限公司 农业园区规划设计

3. 景观标识

景观标识应与整个园区的文化氛围和底蕴相一致。

形式一

景观标识采用具有江南特色的马头墙作为主要的设计元素。

民居建筑的演变

方案一　　　　**方案二**

形式二

以当地服装文化作为设计元素，结合江南特色的小黑瓦，运用现代手法重构。

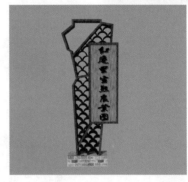

4. 牌坊

牌坊，汉族特色建筑文化之一。是封建社会为表彰功勋、科第、德政以及忠孝节义所立的建筑物。也有一些宫观寺庙以牌坊作为山门的，还有的是用来标明地名的。为门洞式纪念性建筑物，宣扬封建礼教，标榜功德。牌坊也是祠堂的附属建筑物，昭示家族先人的高尚美德和丰功伟绩，兼有祭祖的功能。

规划在思古桥村村部处设计一座牌坊，弘扬和传承中华民族的"孝"文化。

形式一：石牌楼　　　　　　　　　　**形式二：木牌楼**

用石材作为主要建筑原料。　　　　　　用木材作为主要建筑原料。

嘉兴美地规划设计有限公司 南京林业大学工程规划设计研究院 联合设计

5. 彩叶林

无患子　　　　　枫杨

原有的香樟防护林　　　银杏　　　五角枫

6. 小游园

小游园作为园区生态绿道的集散中心，是游憩系统的重要组成部分。

景观亭
硬质铺装
果蔬长廊

嘉兴美地规划设计有限公司　南京林业大学工程规划设计研究院　联合设计

（五）竖向设计

场地的竖向设计充分尊重和利用场地现状高程关系，已达到对原生态环境的保护。基地现状中间低，三面高，平均约有2 m的高差。设计把蓄水池的土方按种植、造景的需要设计到生态景观林中，既可以尽最大可能弱化高压线对园区的视觉影响，同时形成丰富的景观层次。

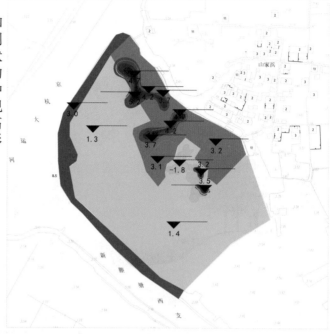

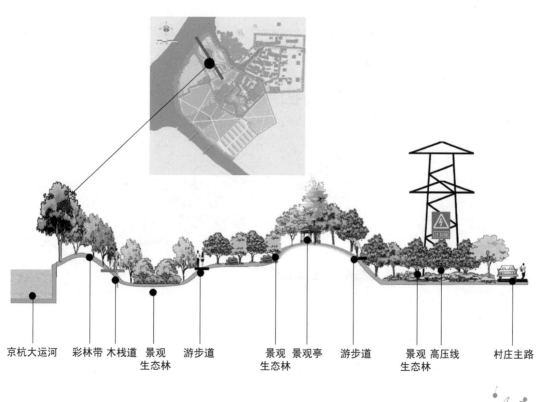

京杭大运河　彩林带　木栈道　景观生态林　游步道　景观生态林　景观亭　游步道　景观生态林　高压线　村庄主路

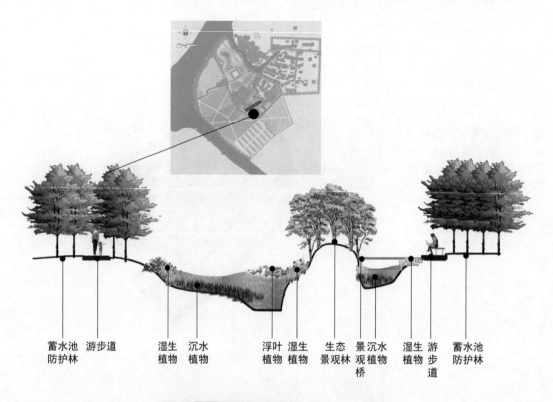

蓄水池　游步道　　湿生　沉水　　浮叶　湿生　生态　景沉水　湿生　游　蓄水池
防护林　　　　　　植物　植物　　植物　植物　景观林　观植物　植物　步　防护林
　　　　　　　　　　　　　　　　　　　　　　　桥　　　　　道

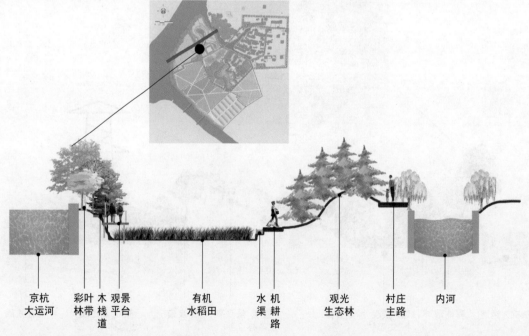

京杭　　彩叶　木　观景　　有机　　水　机　　观光　　村庄　　内河
大运河　林带　栈　平台　　水稻田　渠　耕　　生态林　　主路
　　　　　　道　　　　　　　　　　　　路

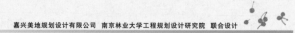

嘉兴美地规划设计有限公司　南京林业大学工程规划设计研究院　联合设计

（六）建筑风貌设计

　　基地内有生产大食堂遗址，现有残墙一块。设计对原有生产食堂在原有位置复建，作为整个园区的综合服务中心。

　　复建形式以老生产食堂原貌为样本，作为延续建筑对于场地的记忆，同时复建的大食堂保留20世纪七八十年代的时代记忆，可吸引游客。

红庵里大食堂效果图

红庵里大食堂效果图

风貌改造

改造前

改造后

嘉兴美地规划设计有限公司 南京林业大学工程规划设计研究院 联合设计

改造前

改造后

（七）娱乐休闲活动设计

1. 爱情伊甸园

在景观生态林北侧规划一处爱情伊甸园。游客可种植爱情树、亲情树、成长树等，通过这些亲手栽植的树的扎根、变绿、苗壮成长见证爱情和亲情。

园区提供树苗、工具、技术及日常维护管理。

2. 开心农场

在大棚蔬菜东侧规划一处开心农场。把土地分割成一小块一小块的菜圃。做好配套设施。出租给那些想亲手种植蔬菜瓜果的市民，同时提供种子、种苗、肥料、工具、和技术指导，让市民体验亲手种菜的乐趣。周末市民可到开心乐园采摘自己种植的蔬菜。

嘉兴美地规划设计有限公司 南京林业大学工程规划设计研究院 联合设计

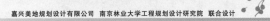

（八）景观小品设计

设计原则

以自然、生态、朴素的乡土特色为设计出发点，与整个园区的文化底蕴相一致。

栏杆意向

座椅意向

垃圾箱意向

生态厕所意向

参考文献

［1］ 陈青红.浙江省"美丽乡村"景观规划设计初探.浙江农林大学,2013.

［2］ 刘滨谊,陈威.关于中国目前乡村景观规划与建设的思考.城镇风貌与建筑设计.

［3］ 王烁,浅析现阶段乡村景观在风景园林规划与设计中的重要意义.城市建设理论研究,2014（10）.

［4］ 唐燕,村庄布点规划中的文化反思——以嘉兴凤桥镇村庄布点规划为例.规划师,2005.

［5］ 骆敏,李伟娟,沈琴.论城乡一体化背景下的美丽乡村建设.太原城市职业技术学院学报,2012.

［6］ 李月新,刘破浪.农田景颜生态规划设计.现代园艺,2014.

［7］ 鲍亚元,周丽娟.嘉兴新农村规划建设村落景观保护研究.南方农业,2012.